六韜

りくとう

向先秦兵法學「職場成功術」

原著・太公望

翻譯・林美琪

六韜 中國代表性軍書，集兵法之精華，成為全世界軍事戰略家的研究經典。全書以太公望呂尚與文王、武王的問答形式呈現，一共六卷，其中以〈虎韜〉（日文譯為〈虎之卷〉）最著名。韜的意思是裝弓或劍的袋子。

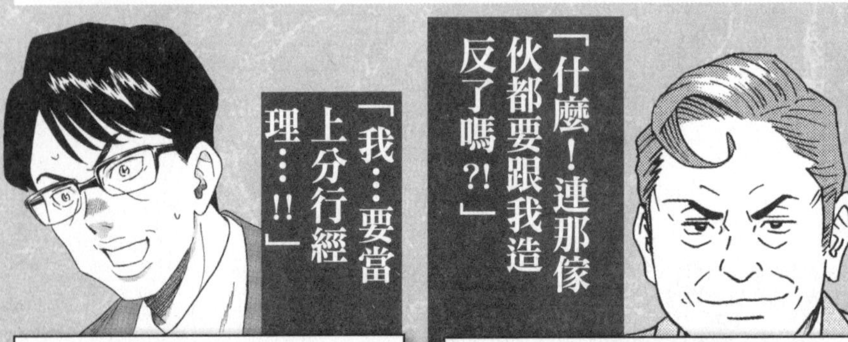

「我…要當上分行經理…!!」
「什麼！連那傢伙都要跟我造反了嗎?!」

長谷部浩 45歲

大河原分行副理，對經理忠心耿耿，內心隱藏著當上經理的野心。

鷹塔大樹 47歲

大河原分行經理。作風強悍，讓分店整個上緊發條，由於太過強勢，樹敵不少，但本人並未發覺。

「你是不是認為，只要做出好成績，就能往上晉升？」
「來，我們乾杯吧！」

矢內智彥 38歲

香田的後輩。精明能幹，凡事追求最大效率。善於把握機會，因此比香田更早當上課長。

大西明美 ?歲

明美酒家的媽媽桑。聰明又美麗，魅力十足。之所以開店，似乎有些隱情。

【參考文獻】
《六韜三略》守屋洋 守谷淳 翻譯／解說 President社
《六韜、三略》岡田脩 萩庭勇 翻譯 明德出版社
《六韜》林富士馬 翻譯 中公文庫
《全譯 六韜、三略之兵法》守屋洋 President社

六韜 人物介紹

《六韜》是記載絕代軍師太公望戰略、軍略的典籍。
地方銀行員香田發現這本書
可以用來掃蕩公司內部的腐敗！
換言之，這是一本復活於現代、
教你如何出人頭地
與管理企業的寶典。

「在這家銀行啊，不能說實話。」
「明明銀行的業績每下愈況，那些傢伙全部不為地方著想！」
「那你要答應我一件事！要好好珍惜自己和家人！」

井上前課長

對上司直言而遭到惡劣的精神折磨。對命運逆來順受。

香田悠吾 40歲

大波銀行大河原分行的行員，擔任組長。在故鄉長大，基於對家鄉的情感進入地方銀行服務，但發現該行與想像不符，為了改變這家銀行，下定決心出人頭地。

香田詩織 38歲

香田之妻。深愛香田和女兒，全面支持香田。任何事情一概不過問，全力協助香田進行一場賭注。

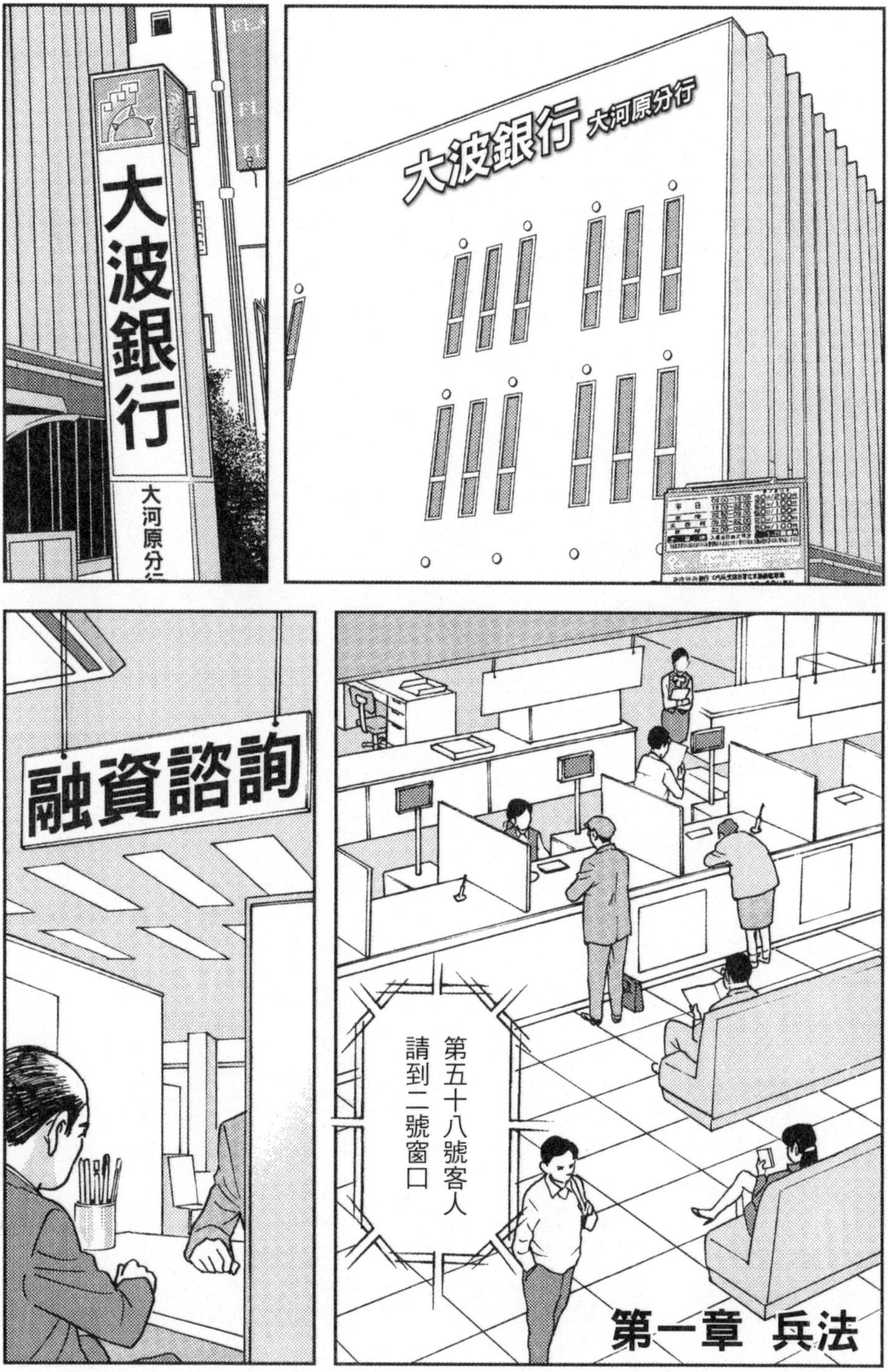
大波銀行 大河原分行
大波銀行
大河原分
第五十八號客人
請到二號窗口
第一章　兵法
融資諮詢

大波銀行 大河原分行
香田悠吾（40歲）
我想為家鄉打拼，因此進入故鄉的地方銀行服務。
大波銀行
大波銀行
唉呀，香田先生我們和你介紹的大企業合作成功了！
真是謝謝你啊！
那太好了！恭喜恭喜。
因為貴公司擁有了不起的專利啊！

我今天仍要繼續
以一名銀行員的身分，
為家鄉奮鬥！
——數日後
大波銀行
大河原分行
現在公布
上個月的成績。

嘩
嘩
!!
成績表
太強了…第一名又是香田先生。
大波銀行 大河原分行
經理
鷹塔大樹（47 歲）
馬上就要發獎金了…對銀行來說，正是最忙的時候。

大波銀行 大河原分行
副理
長谷部浩（45 歲）
大家都要向香田學習，好好拿出成績來！
是！
呃……等……
千萬拜託了香田先生……
你這位冠軍，成績遙遙領先我們一大截，所以我想你能救救我才對。
……

再這樣下去，我就要被踢到鄉下的分行去了……
大波銀行 大河原分行 矢內智彥（38歲）
瞧！我這個可愛的晚輩都這樣求你了。
啊——我的炸蝦請你吃。
你都咬過了！
……
真拿你沒轍啊……好吧，分給你啦！
真的!? 多謝多謝。不愧是香田先生!!
——數月後
大波銀行
然而——

聘書
茲敦聘
矢內智彥先生
自平成二十四年四月
擔任課長
聘書
內智彥先生
平成二十四年四月一日
課長
以上
平成二十四年四
大波銀行大河原
自平成二十
擔任課長
!!
嗚哇!!
是矢內出任課長…?!
成績表
松山
三村
矢內
香田
江口
島村
中島
小渕
梶原
大軽
奥平
中野
因為他是當時的冠軍?!
可是那是因為我把業績分給他了…

不好意思——
早你一步當上
課長。
矢內…
你這小子…
喔…拜託！
就算你是前輩，
也別用「小子」叫我。
!?
今後請稱呼我
「矢內課長」。
你得給其他人
做個榜樣啊。
——!!

明白嗎？香田。
……!!
……
這次的人事案總讓人覺得怪怪的……
沒想到那個晚你兩年進來的矢內會當上課長……
唉呀……我想這是矢內努力打拚的成果吧。
我只是想為家鄉奮鬥而已，沒想那麼多！

大波銀行
大河原
我回來了
咔嚓
啊——
香田
辛苦了。
……

今後也請在我底下繼續打拼喔！
矢內…課長…
什麼事？
香田啊，你這樣可不行喔！
哈哈
你是不是認為，
只要做出好成績就能往上晉升？

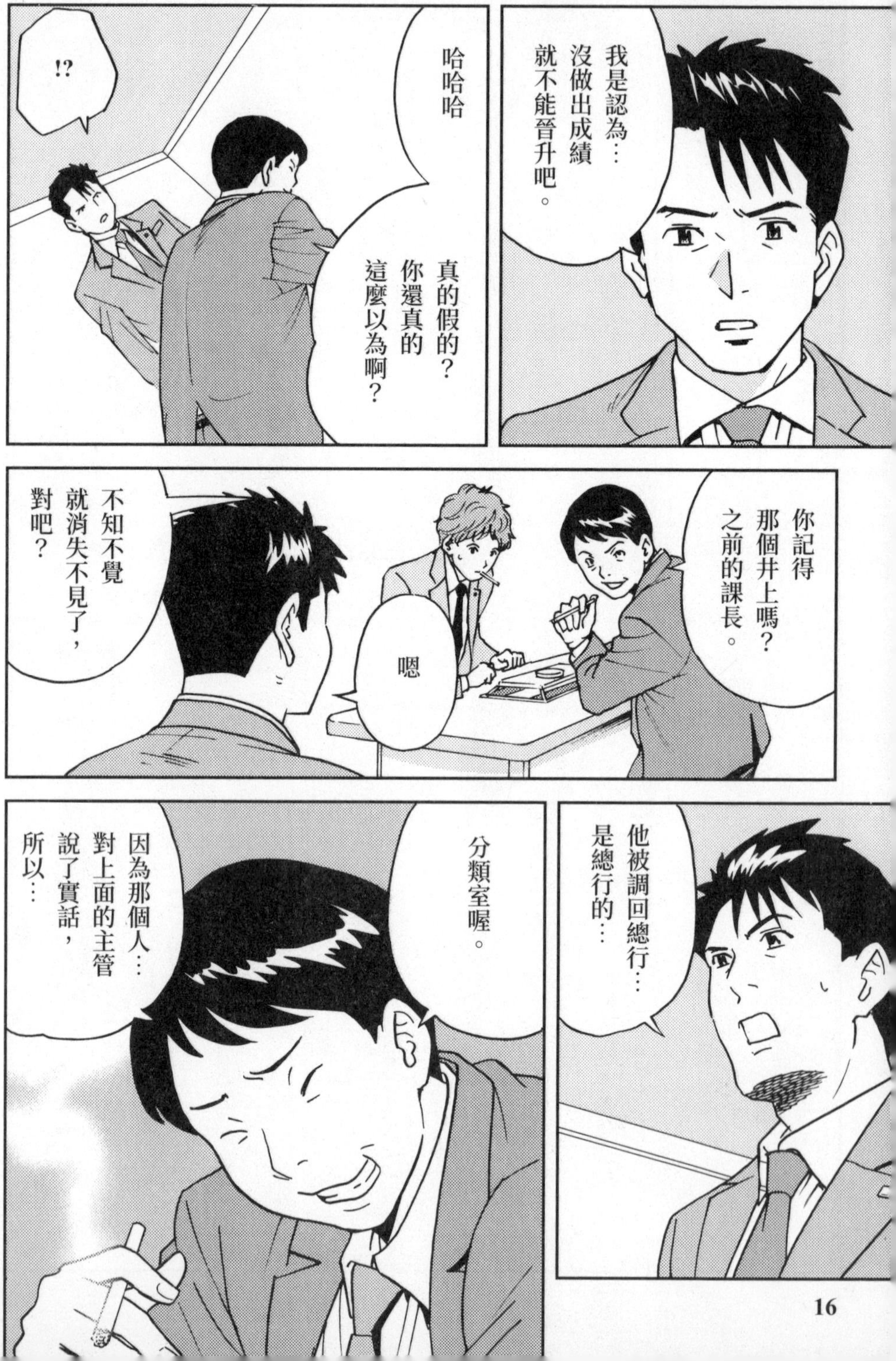
我是認為…沒做出成績就不能晉升吧。
哈哈哈
真的假的？你還真的這麼以為啊？
!?
你記得那個井上嗎？之前的課長。
嗯
不知不覺就消失不見了，對吧？
他被調回總行…是總行的…
分類室喔。
因為那個人…對上面的主管說了實話，所以…

分類室？
我不想去那種地方，所以一直很小心這種事。
？
喔——課長會議時間到了。
就這樣囉，香田。
啪噠
……

井上先生……
總行……
分類室……
井上課長到底出了什麼事……？
啊
井…井上…課長?!
喔…香田，好久不見啊。

居酒屋
いらっしゃいませ
您辛苦了
辛苦了
大河原分行最近怎麼樣？
喔…唉呀，還是老樣子。
哈哈哈，是嗎真懷念啊…大河原…是個不錯的小鎮呢…
總行那邊感覺如何呢？
喔…這個嘛…
……
井上先生看起來好落魄啊…

!
簌簌
滴落
嗚…嗚嗚……
井…井上先生?!
您…您還好嗎？
啊…抱歉，太丟臉了…讓你看見我這副德性…
不會…

我現在在總行的分類室服務。
矢內的話是真的！
湯どうふ
冷奴
香田你知道分類室在做什麼嗎？
就是將各分行送來的零錢，分門別類——
人工分類
用人工分類的方式?!
可是，不是有機器嗎？
是有機器啦…可是有時候，還是得人工分類才行。
在銀行啊——

太荒謬了…
那種「工作」有必要嗎?!
香田，銀行裡有些地方是碰不得的，
所以那種「工作」也是有必要的啊…
可是！要您做那種工作根本是職權騷擾！
只是想折磨您的精神…
藉機要您辭職…
砰！
！
香田！
不能說…

不能說實話…
假如頂撞了上面，就有更難堪的「工作」要做了！
因為那個人…對上面的主管說了實話所以…
……
只有忍耐…忍耐到結束那一天…
只能閉嘴…什麼都別說…
我不想丟掉工作…我還有家人…
もずく酢
冷奴
キュウリ
トマト

五圓…
十圓…
哐啷
哐啷
五百圓…
一圓…
哐啷
哐啷
哐啷
一百圓…
哐啷
哐啷
五十圓…
哐啷
哐啷
哐啷
哐啷

咔嚓
唉
唉
總算又撐過了一天…
在密閉空間裡，長時間做呆板的手工…
身心都是煎熬
要讓香田先生…做那種工作做到什麼時候呢？
會到什麼時候呢？…應該只是殺雞儆猴吧…
誰叫香田要對上面的主管說出實話呢？

敢嗆老子！絕不饒你!!
我讓你在分類室裡做到死！
不！我想為家鄉打拼!!
我不要!!
啊！
啊
做…做夢嗎…
啊

呼……
大波銀行 大河原分行
香田？
那傢伙不可能出頭的。
怎麼說？
聽好，檜山想要出頭靠的不是能力…
而是「比目魚」的眼力。

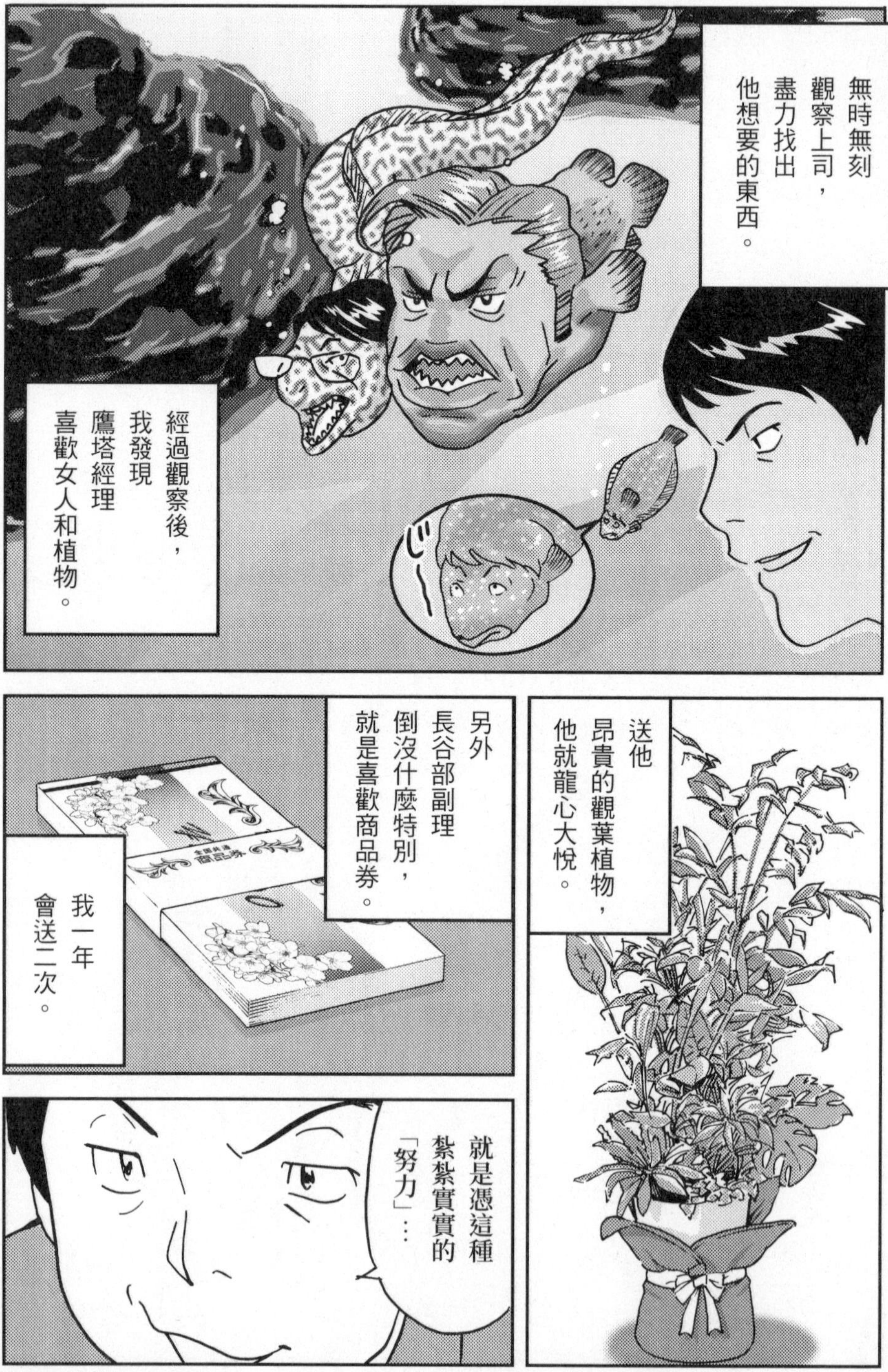
無時無刻觀察上司，盡力找出他想要的東西。
經過觀察後，我發現鷹塔經理喜歡女人和植物。
じー
送他昂貴的觀葉植物，他就龍心大悅。
另外長谷部副理倒沒什麼特別，就是喜歡商品券。
我一年會送二次。
就是憑這種紮紮實實的「努力」…

我才能當上課長。
才不是因為香田把他的業績分給我呢！
……
那只是表面上的因素罷了。
業績就讓他去衝。
我啊，與其對付客人，還不如專心陪上司打高爾夫球呢。
這就是升官的招數。
原來如此?!
只要會拍馬屁
就能一帆風順?!
矢内課長

這家分行就是
用這種「制度」、
用這種「政治」
來決定人事的嗎?!
大波銀行
大波銀行
井上課長就是…
不會拍馬屁,
才被調到分類室…
當碰上這種
與能力、實力
無關的
「勢力」──
空隆空隆
空隆空隆空隆
我該如何
面對?
或者…
應該起身戰鬥?
究竟
我該怎麼做才好?!

日夜煩惱中，
時序已從夏天
轉為冬天。
唉…
鷹塔
生平第一次的
年終拜訪…

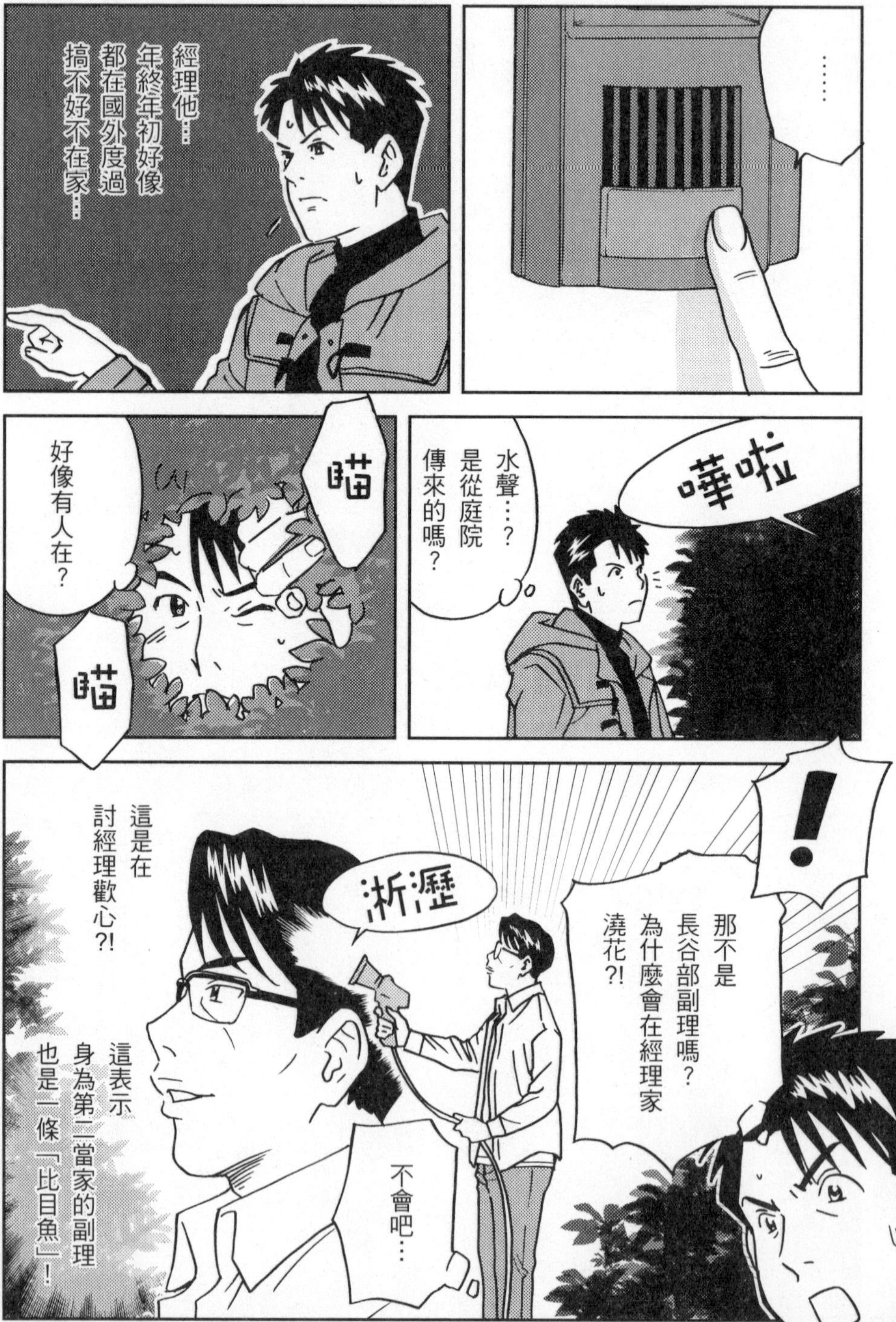
……
經理他…
年終年初好像
都在國外度過
搞不好不在家…
嘩啦
水聲…？
是從庭院
傳來的嗎？
喵
好像有人在？
喵
！
那不是
長谷部副理嗎？
為什麼會在經理家
澆花？！
淅瀝
這是在
討經理歡心？！
這表示
身為第二當家的副理
也是一條「比目魚」！
不會吧…

不行、不行、不行!!
這樣下去是不行的!!
噠
噠
噠
明明銀行的業績
每下愈況……
那些傢伙全都
不為地方著想!
滿腦子只有自己的
利害得失!
這樣下去
我們這家地方銀行
會變成什麼樣子?!
根本活不下去啊!
噠
我什麼事都
沒看出來,
什麼都不知道……
一定得想辦法才行!

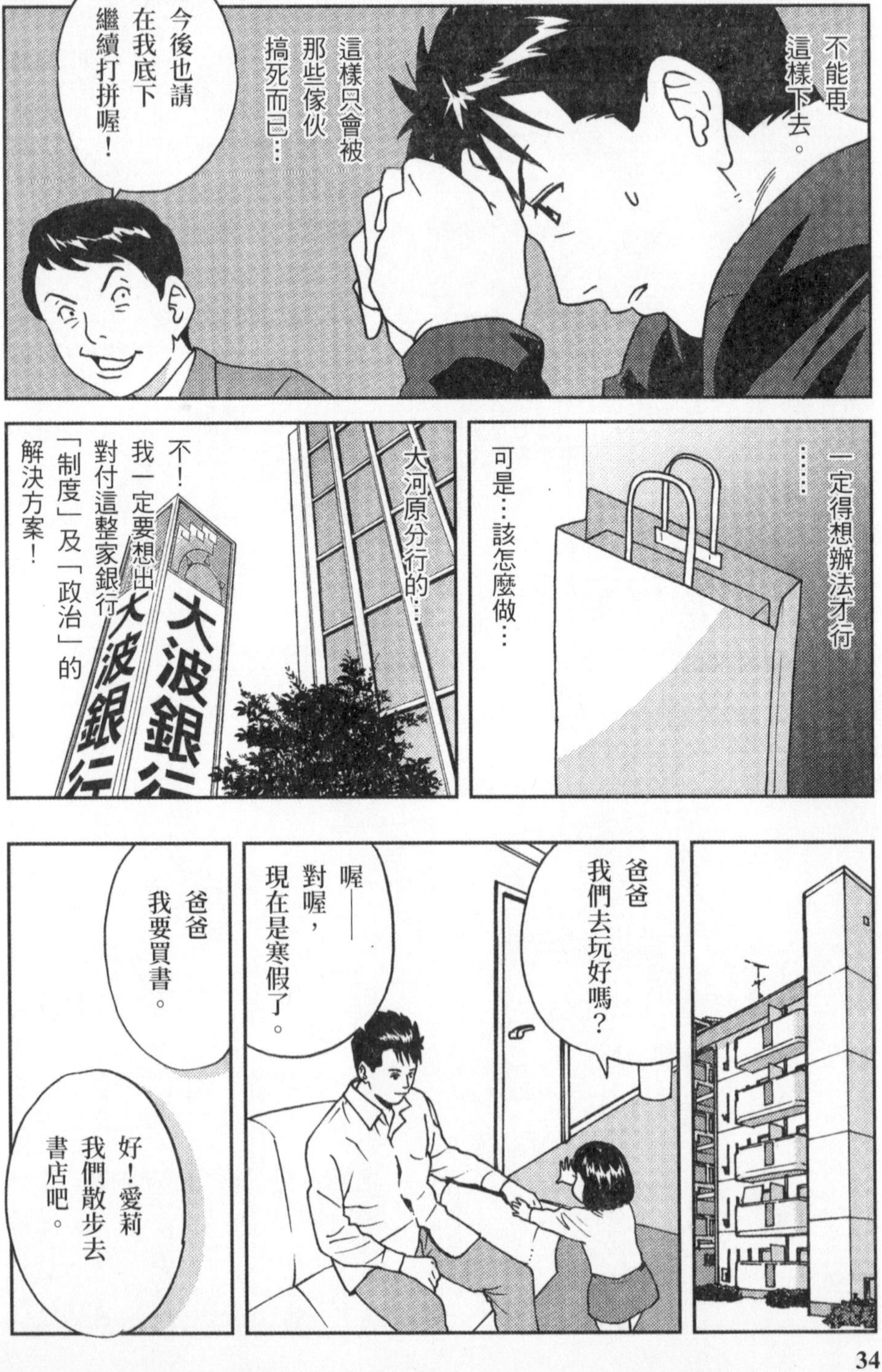
不能再這樣下去。
這樣只會被那些傢伙搞死而已…
今後也請在我底下繼續打拼喔！
一定得想辦法才行……
可是…該怎麼做…
大河原分行的…
不！我一定要想出對付這整家銀行「制度」及「政治」的解決方案！
大波銀行
爸爸我們去玩好嗎？
喔——對喔，現在是寒假了。
爸爸我要買書。
好！愛莉我們散步去書店吧。

買進＆賣出櫃檯
有什麼書可以給我一點啟示呢…
不…不是這個。
爸爸！我們去繪本區啦。
好不好嘛
等一下喔。
討厭！爸爸最討厭了——
拍打
啊
啪達

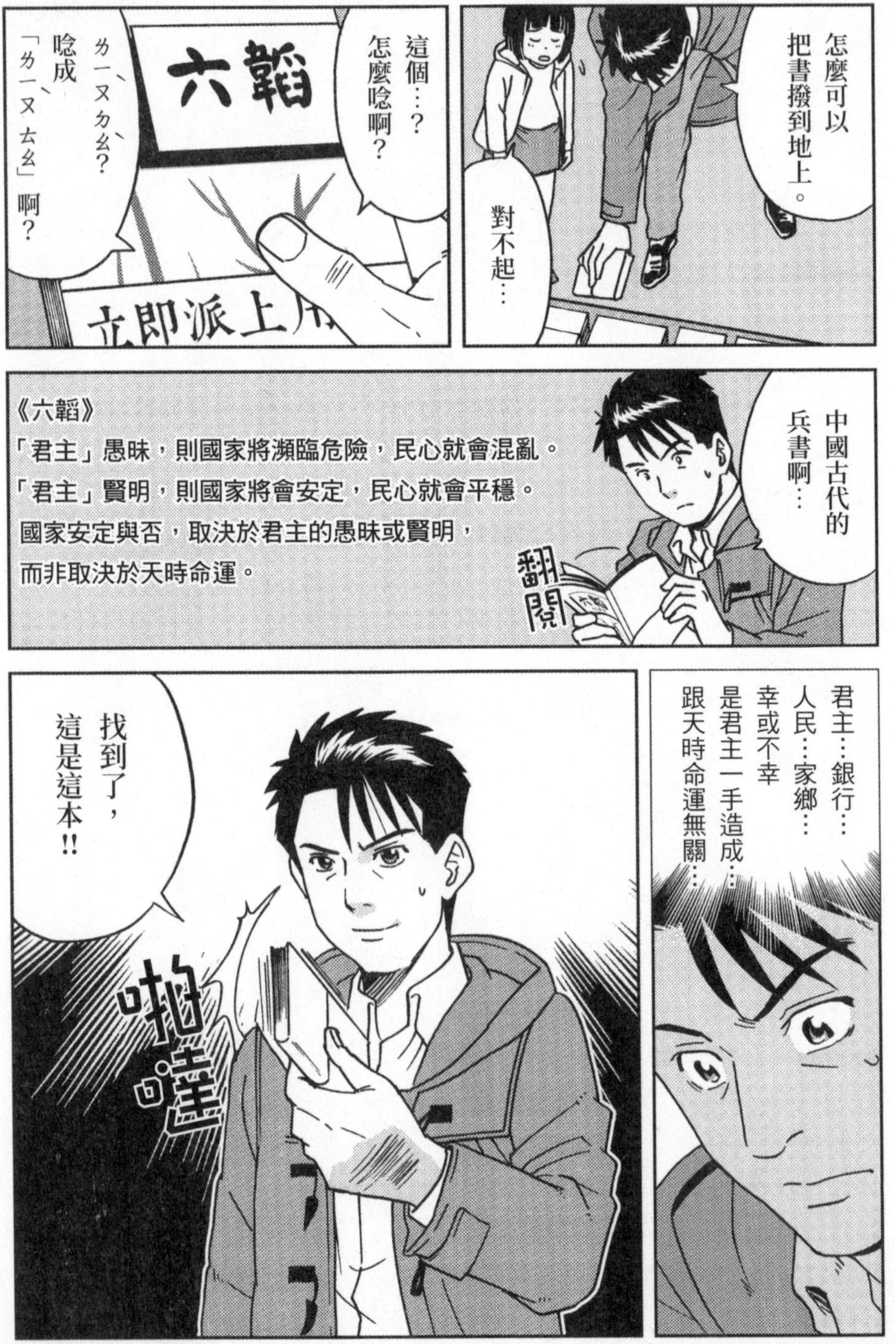
怎麼可以
把書撥到地上。
對不起…
這個…？
怎麼唸啊？
六韜
立即派上
ㄌㄧㄡˋ ㄉㄠˋ？
唸成
「ㄌㄧㄡˋ ㄊㄠ」啊？
中國古代的
兵書啊…
《六韜》
「君主」愚昧，則國家將瀕臨危險，民心就會混亂。
「君主」賢明，則國家將會安定，民心就會平穩。
國家安定與否，取決於君主的愚昧或賢明，
而非取決於天時命運。
翻閱
君主…銀行…
人民…家鄉…
幸或不幸
是君主一手造成…
跟天時命運無關…
找到了，
這是這本!!
啪噠

我回來了。
媽媽，爸爸買書給我。
好棒喔 媽媽準備了點心，快去洗洗手。
好——
回來了，
很冷吧？我幫你煮杯咖啡。
香田詩織（38歲）
謝啦！我要在書房看書。愛莉就交給妳了。
我在書房找到的…
？
第二章 謀略

昨天
經理不在家嗎？
…嗯
唉呀…
……
詩織…
等愛莉睡著後，
我有話跟妳說。
緊握
…好…

爸爸～唸給我聽嘛～
爸爸正在忙，媽媽唸給妳聽好嗎？
那——說吧什麼事？
……

……
老公…？
詩織…實在難以啟齒…想拜託妳一件事。
拜託？
對…
冬季的獎金可不可以讓我自由使用？

咦?!
拜託！什麼都別問，請妳相信我……
……
可是那你要答應我一件事！
！
好
舉手

說真的，我眼淚就要掉出來了。
沒錯，我並不是孤單一人……
好好珍惜自己和家人！
我還有——
重要的家人
所以我決定了!!

這是這本…
我要藉助
這本《六韜》的力量…
六韜
りくとう
立即派上用場！
六韜、三略兵法之精要
如果能在今年內
安排妥當的話…
──數日後
一月──
叮咚！
長谷部
長谷部先生──
有您的包裹。

呵呵呵……比去年多了二個……
片島屋——好吔！
這個是伊懸丹。
這是矢內送的。
這次矢內那傢伙，會送多少呢？
什麼跟去年一樣五萬……我讓他當上課長了居然……
算了，只好期待夏天了。

我看這傢伙別想再往上爬了…
嗯？
這一箱好重啊…
東京都
故事露臺
香田悠吾
香田寄來的？
真沒想到那傢伙會寄東西來…有人從旁提點他嗎？
看來，是被矢內超越所以心急了吧！
火腿？
香皂？
撕
撕
等到鷹塔調去總行由我當上經理後，再重新考慮考慮。
如果往後每年他都繼續「進貢」的話…
啪噠
！
這…這個是?!

那傢伙到底裝了多少?!
商品券
商品券
十萬…?不，超過了吧?!
一疊一萬，一…二…三…十…
全…全部五十萬?!

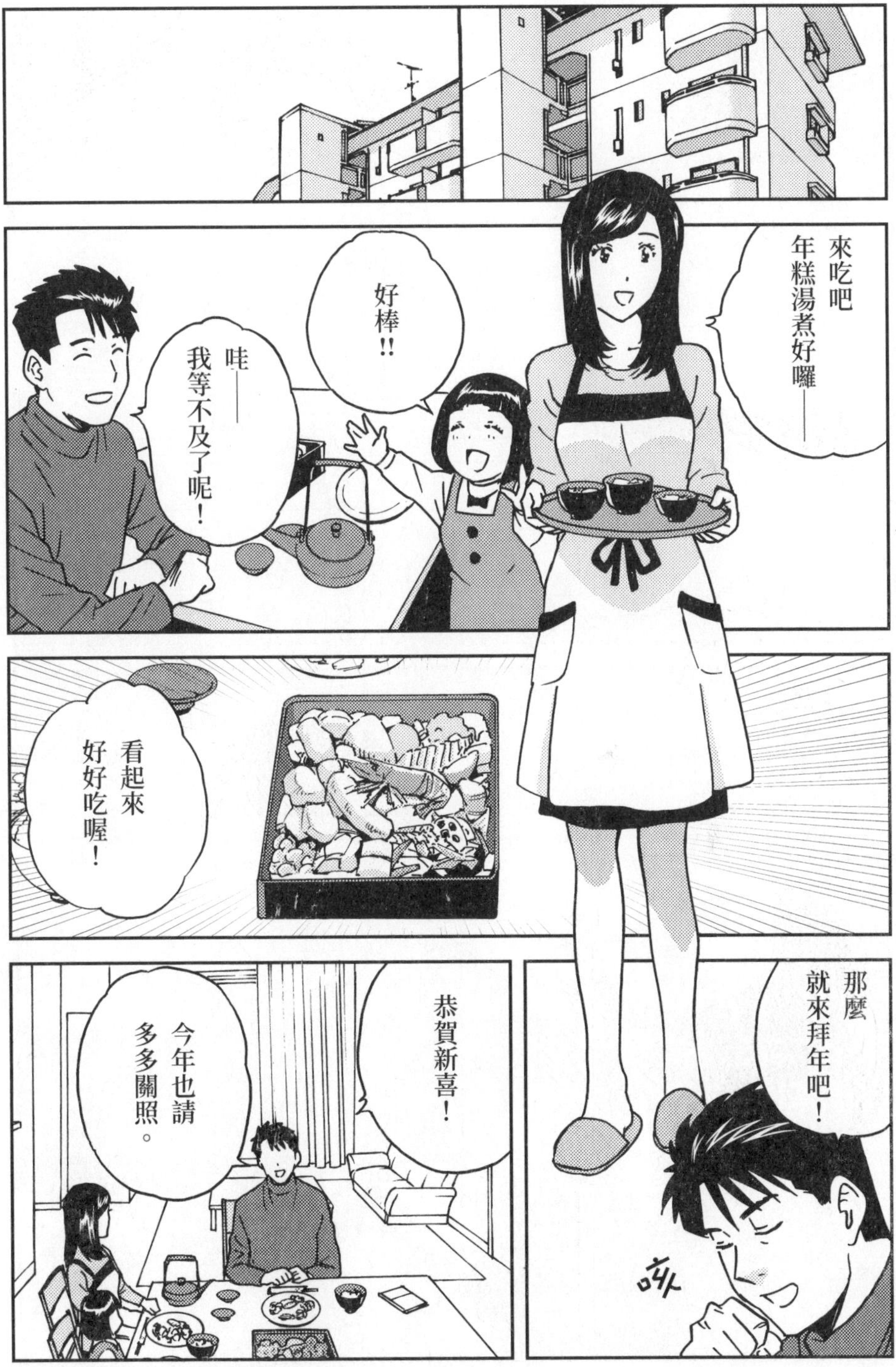
來吃吧
年糕湯煮好囉——
好棒!!
哇——
我等不及了呢！
看起來
好好吃喔！
那麼
就來拜年吧！
咳
恭賀新喜！
今年也請
多多關照。

新年快樂。
今年也請
多多照顧!!
愛莉——
來！壓歲錢。
壓歲錢
謝謝！爸爸!!
爸爸——！
好棒喔愛莉。
嗯！
來吧！大家開動吧！
開動！

要不要再來一碗？
嗯
應該寄到了吧……
不知道有多少效果？
……
六韜
立即派上用場！

《六韜》為
中國古代兵書
戰國時代便已存在
並且受到重用，
六韜
分為〈文韜〉、〈武韜〉、〈龍韜〉、
〈虎韜〉、〈豹韜〉、〈犬韜〉六卷
共六十篇。
以名軍師太公望呂尚
與文王、武王的
問答形式呈現，
內容相當
廣泛。
其中
〈武韜〉中的
「文伐第十五」，
介紹了十二種
「不用武力而
達成目的之方法」。

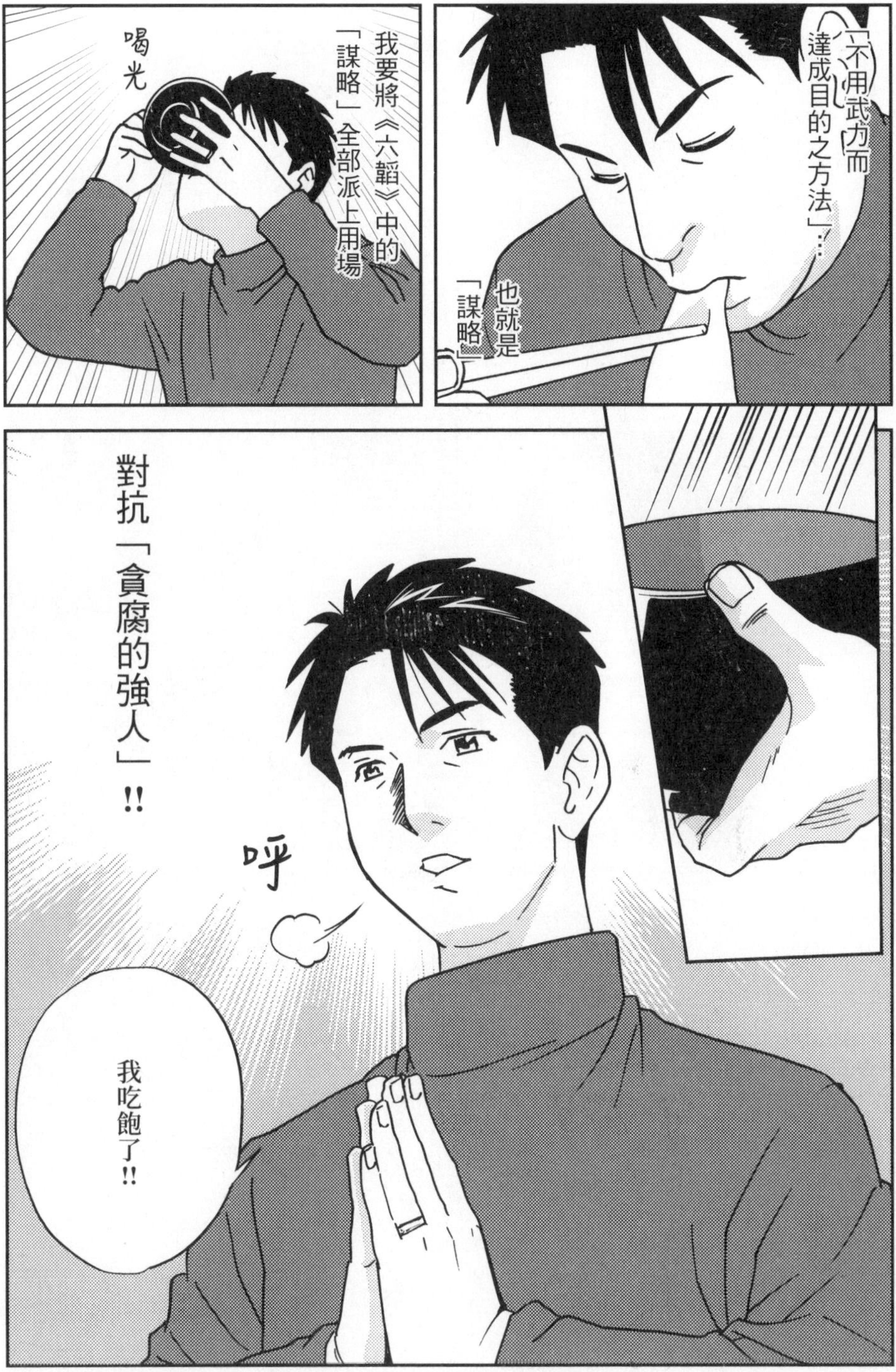
「不用武力而達成目的之方法」……
也就是「謀略」
我要將《六韜》中的「謀略」全部派上用場
喝光
對抗「貪腐的強人」!!
呼
我吃飽了!!

──數日後
大波銀行 大河原分行
我使出的「謀略」，
立即見效了。
呀──香田！
這個月的業績比賽就看你囉。

…………！
那個老扳著
一張臉的副理…
居然堆滿笑容地
跟下屬說話…
而且還是跟香田那傢伙…!!
該不會…
那傢伙也?!
……
效果竟然
明顯到這種地步…

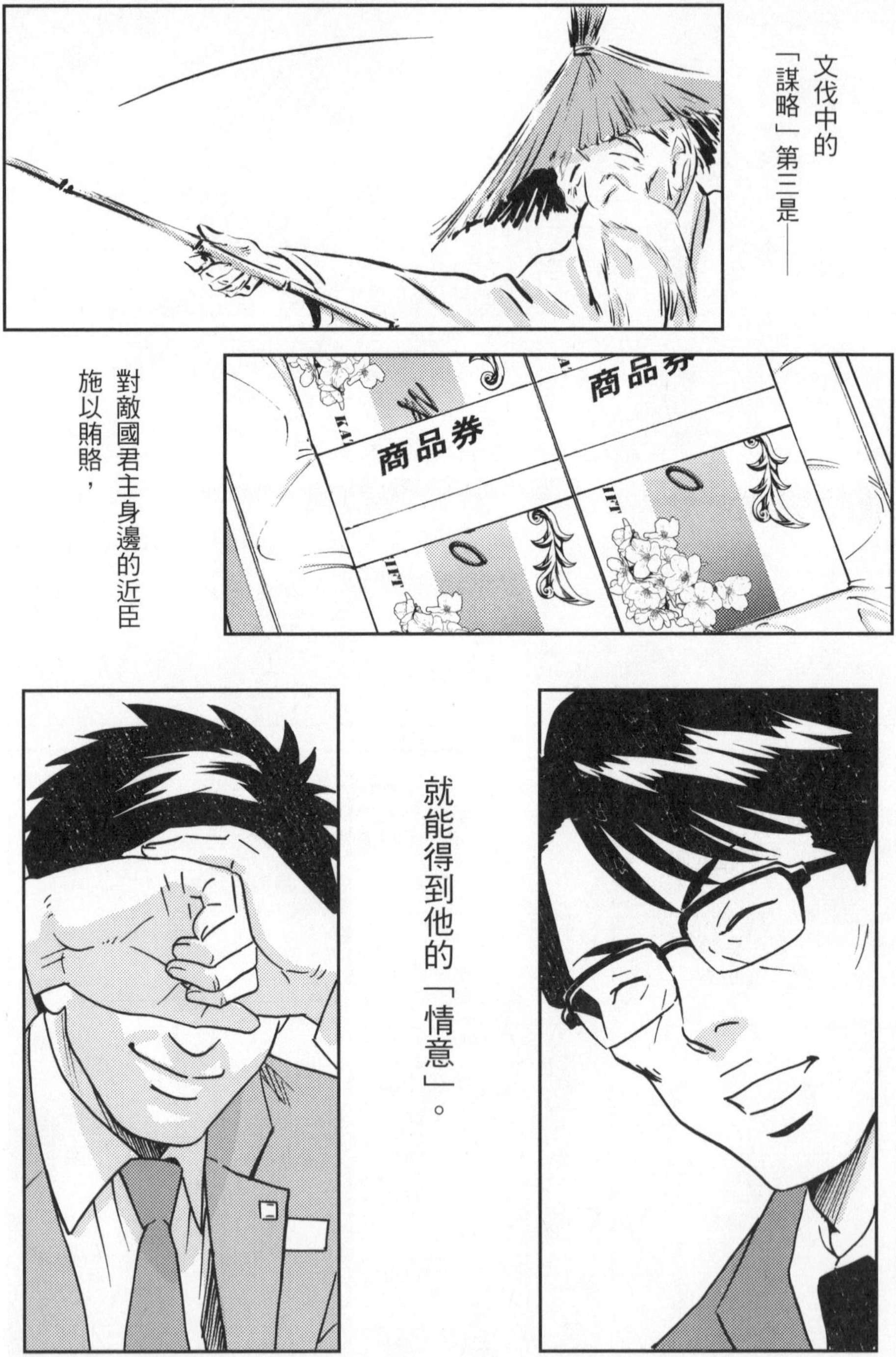
文伐中的「謀略」第三是——
對敵國君主身邊的近臣施以賄賂，
商品券
商品券
商品券
就能得到他的「情意」。

大波銀行
大河原分行
副理
資料做好了。
喔——
真不愧是香田啊
動作真快！
哪裡…有事請您
隨時吩咐我。
利用賄賂
讓對方的「情意」
傾向自己，
即便對方身在敵國
他的心也會向著己方。
因此…
敵國就會產生禍害
……
接著，
再繼續使用「謀略」。

──數日後
味田波
みたわ
JAPANESE DINING
香田你啊
真是太優秀了。
我越跟你共事，
就越發覺到你的
能力高強。
您這麼誇獎
我真是承受不起。
多謝您了。
…可是
之前的人事案，
我被矢內…課長給
比了下去…
我一直以為
是不是鷹塔經理
不喜歡我…
要是您能
當上經理就好了……
瞧你瞧你，
三杯黃湯下肚
就開始
胡言亂語了~~~

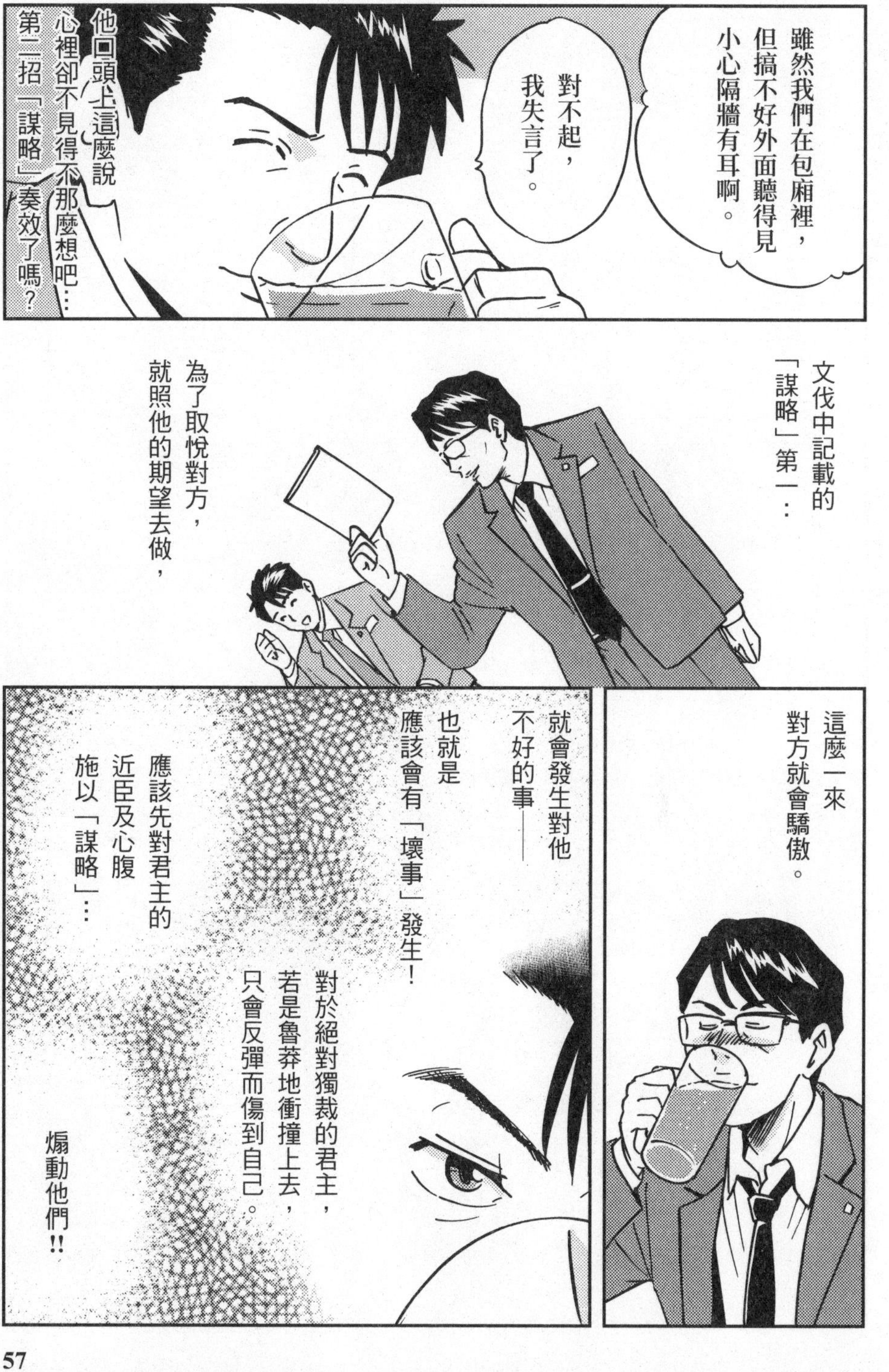
雖然我們在包廂裡，但搞不好外面聽得見 小心隔牆有耳啊。
對不起，我失言了。
他口頭上這麼說 心裡卻不見得不那麼想吧… 第二招「謀略」奏效了嗎？
文伐中記載的「謀略」第一：
為了取悅對方，就照他的期望去做，
這麼一來 對方就會驕傲。
就會發生對他不好的事——
也就是應該會有「壞事」發生！
對於絕對獨裁的君主，若是魯莽地衝撞上去，只會反彈而傷到自己。
應該先對君主的近臣及心腹施以「謀略」…
煽動他們!!

對了！副理…您聽到那個「消息」了嗎？
？
經理今年會…
離開我們大河原分行喔。
!?
這…這個消息…我沒聽說啊?!
唉呀…可是…
差不多是時候要高升總行了吧…
……

這算是一則壞消息吧…所以應該很有可信度才對……
壞消息?!
不能說出去喔。聽說，他要被踢到鄉下的分行去了。
!!
好像是做了什麼壞事被高層知道了的樣子…
……
如此一來，接任的經理……
呵…

肯定是長谷部先生您了！
長谷部經理！
……!!
撲通
我……要當上分行經理……!!
撲通

下一任
分行經理…
就是您了！
因為您比
鷹塔經理優秀
好幾倍啊！
第三章 分化
…！
的…的確。

我唸的大學比鷹塔好。
而且我知識豐富，數字概念也比他強。
體力！
大聲！
非常感謝！歡迎再度光臨！
迫力虛張聲勢！
還有「政治力」！
鷹塔以這些為武器，

當上分行經理
一路爬到這家大河原分行的頂點。
三村 妳最近有做嗎？
……
而且是個職場上的性騷擾慣犯。

為了提高自己的成績，
做了一些被高層知道後會被責怪「太超過」的事；
也做了一些被媒體知道後可能會被認定為「不法」的事。
要是那些不法融資的確切證據被逮到的話…
鷹塔就玩完了。

可是
等等……
香田掌握的這個消息
可靠嗎？
香田要是騙我
怎麼辦?!
對於一個有意欺瞞、
想拉下馬來的對象，
會送那麼多錢給他嗎？
商品券
商品券
咕嘀咕嘀……
……
長谷部先生！
蛤

我要幫助
像您這樣的人物…
改變這家
被鷹塔搞得
烏煙瘴氣的分行！
您是一位深謀遠慮
又清廉的人，
不只在我們大河原分行
…
我認為您是一位
應該站在
銀行巔峰地位的人。
您要當上分行經理
大展您的才華啊！
而且…請讓我來
協助您！
……
！
這…這樣啊
……
！

你說的對！適合擔任下一任經理的人，除了我之外沒有別人了！
又中了我的「謀略」!!
笑

《六韜》文伐中
記載的「謀略」第九：
六韜
稱讚敵國的君主，
讓他龍心大悅
對他百依百順
唯命是從，
就能贏得信任。
數日後
大波銀行
大波銀行
煽惑之後
那個人就……

早安！
嗯……早
…？
一旦變得驕傲自大……
長谷部！
今天晚上我要招待山本建設的社長，你也一起來。
有空吧？

你和山本社長是同一間大學畢業的，
基於同校情誼，應該能順利拉好關係。
……
抱歉我今晚有別的事。
!?
別的事是什麼事？這場招待對分行來說非常重要。
肯定開始叫不動了。
真的嗎？

山本建設
不好意思，據我所知山本建設的業績正在下滑…

能動用的錢根本沒多少吧？
!?

我就明說了，我覺得這是在浪費時間。
…!
長…長谷部先生…
……
啪
喂 長谷部…
…
你這傢伙怎麼這樣驕傲？不就是個副手罷了，
身為副手竟敢頂撞我這個分行經理？

我沒有要頂撞你，也沒有要找你吵架。
撥開
可是，
我希望你不要在其他人面前，把我這位下一任分行經理候補當小孩使喚了。
…!!
!
…

撂下那樣的話，沒問題嗎?!
長谷部副理，我認為總有一天你會當上經理的…
可是那樣的態度不太妙吧…
呼—
巴結一個就要離開的傢伙，有啥搞頭？
咦?!
經理…不！鷹塔他
今年內就要從這裡消失了。

因為一些見不得人的原因。
我的消息來源很可靠。
……
當然，這樣的話
下一任最有希望的分行經理候選人，就非我莫屬了。
所謂「一寸之前一片黑暗」凡事盡皆如此！鷹塔就要墮入無邊的……
「黑暗」中!!

在正式任命下來之前，我要更加把勁。
「政治力」就不用說了。
──數日後
大波銀行
大河
咯噔
咯噔
咯噔
咯噔
還要向高層展示我的「實力」
要拿出更好的成績，就需要一起作戰的同志!!

……！
長谷部那傢伙……
翅膀硬了，
竟敢離開我，
去搞自己的派系?!
喝吧喝吧，
長谷部！
我請客！
你盡量喝！
經理
謝謝您。
我對他那麼好
居然……
《六韜》文伐中
記載的「謀略」第二——

拉攏敵國的寵臣，
以分化君主和勢力。
如此一來家臣們⋯⋯

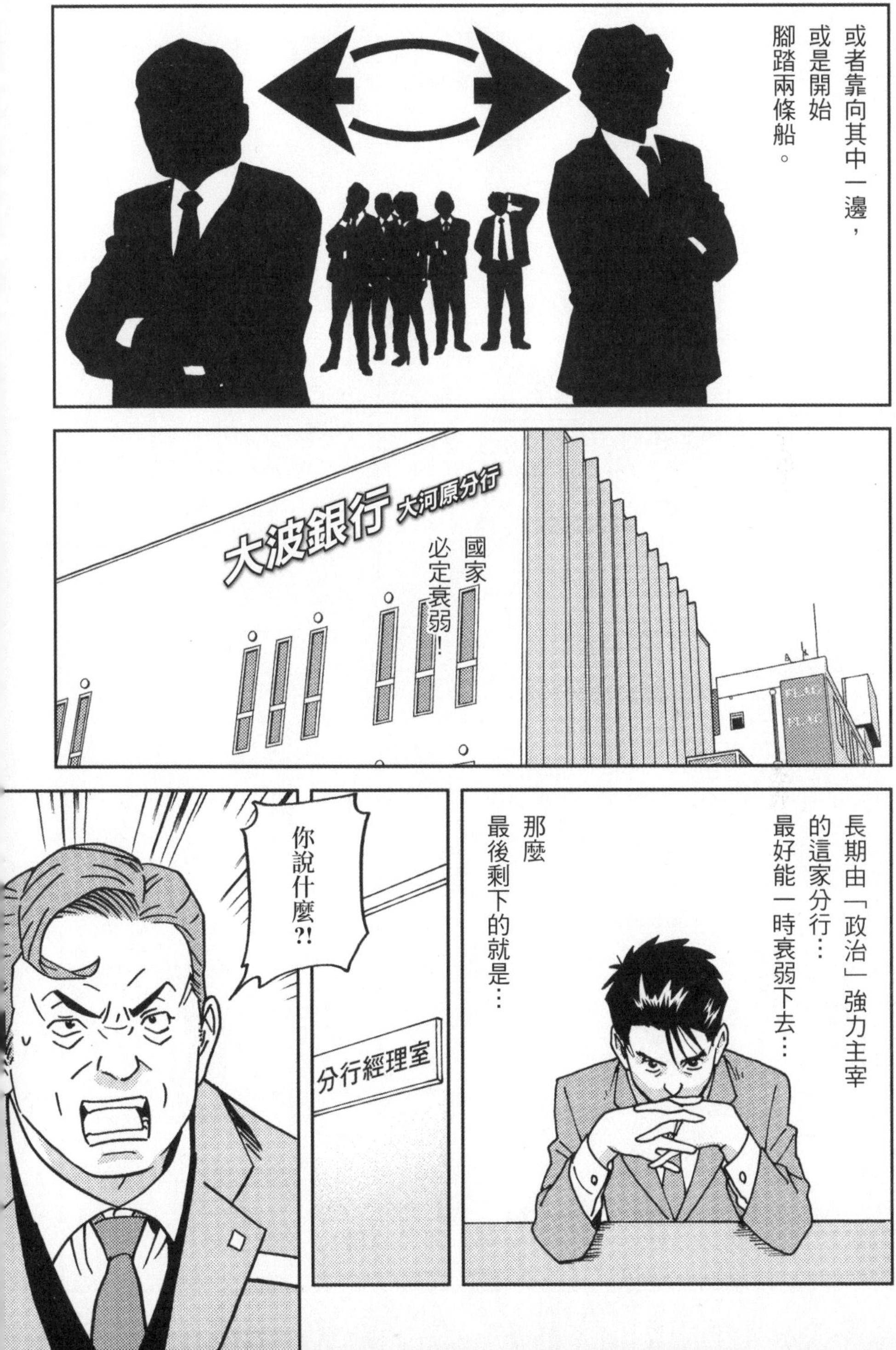
或者靠向其中一邊，
或是開始
腳踏兩條船。
大波銀行 大河原分行
國家
必定衰弱!
長期由「政治」強力主宰
的這家分行…
最好能一時衰弱下去…
那麼
最後剩下的就是…
分行經理室
你說什麼?!

是啊，所以說根據傳聞，經理您預定今年內會有所異動，離開大河原分行…
恐怕副理就是相信那個傳聞，態度才會一百八十度轉變…
那麼…那個～～
當然……這肯定是空穴來風…吧？
那還用說!!這是我們銀行第三大分行的經理人事案啊!!
連我這個當事人都不知道，怎麼可能突然異動!!
啪噠

我…我當然是完全不相信那種胡說八道的…!
究竟誰會放這種惡毒的謠言？會不會是香田呢？
…矢內，我看見你和那個香田聊得很開心啊？
咦?!
您…您看見了嗎？
可是那是因為他堆滿笑臉我才會…沒有別的意思…
是嗎？片岡找香田說話時…
我才不要跟「長谷部派」說話呢……
香田還這麼跟他說喔!!
這種狀況你又怎麼解釋？

怎…怎麼會…
還有，矢內你這小子不但巴結我，同時還巴結了長谷部。
!!
事到如今…你還要腳踏兩條船嗎…
你要是敢背叛我我就讓你吃不完兜著走！
…遵…遵命!!
混帳…沒有一個可信任的。
砰

……
《六韜》文伐中記載的「謀略」第五…
故意禮遇敵國的忠臣。
光是用不同的態度對待每一名忠臣，
君主就會疑心生暗鬼，
……
疑
疑
疑
我一直極力奉承經理…他卻懷疑我…這到底是怎麼回事…
就能分化君臣之間的關係。

全…全部一共五十萬?!
一如《六韜》所寫的，只要煽動一個人的「情意」——
狀況便會
就此遽變!!

由於
副理長谷部
背叛經理鷹塔，
一家分行裡
產生了兩個派系。
第四章　離間

大波銀行 大河原分行
不過一路蒙受鷹塔的提攜之恩，
這些根本不具備違逆經理基因的傢伙，
還是不改從前的劣根性。
經理要異動的消息搞不好是謠言……
這時候還是別輕舉妄動比較好……

矢內課長！
啊!!
驚嚇
怎麼了？這麼慌張。
啊…哪有…
經理他剛剛…
一副很匆忙的樣子所以……
緊張
喔…關於上次說的那個事……
低聲
今晚要不要換個地方呢？矢內課長。
低聲
!?

Club
A''
GENESIS
CLUB F.A.A
您好啊～
!!

這…這樣好嗎？香田…這裡算是高級夜總會吧…？
費用的事您就別掛心了。
出錢的人不是我。
是長谷部先生。
!?
等…等等，等一等…你說的是那一位?!
難道他想把我也…納入他的「長谷部派」…

您想太多了啦！
只不過長谷部先生要我轉達，
他說只要能在他底下工作…
這些好處就會享用不盡喔。
《六韜》文伐中記載的「謀略」第十一——
六韜
咕嚕

——暗中許諾尊貴的官位
祕密饋贈金銀財寶，令其馴服。
如此一來我方同志便會增加⋯⋯
並且可以約制敵國的戰力。

大波銀行
大河原分
我以為長谷部副理超小氣的，沒想到……
居然如此大方。越接近出頭天人就會越大器嗎？
看來那件事未必是空穴來風吧……
矢內，幹嘛在長谷部的辦公桌旁竊笑？
!!

驚嚇
經…經理!!
我一直都很照顧你吧？
!
啪
我能用的兵力已經少得可憐…你要報效我的話，就是現在了。
不准背叛我。
遵…遵命。
之前那件融資案一定要把它搞定，行嗎？
好…好的。
是的田丸先生，關於貴公司的融資案…

……
就交給我來辦吧！我一定給您辦成。而且金額…絕對令貴公司滿意！
得意
他還是繼續對鷹塔唯命是從？這種既沒能力又沒自信的傢伙…
大概沒辦法克服「恐懼」吧…

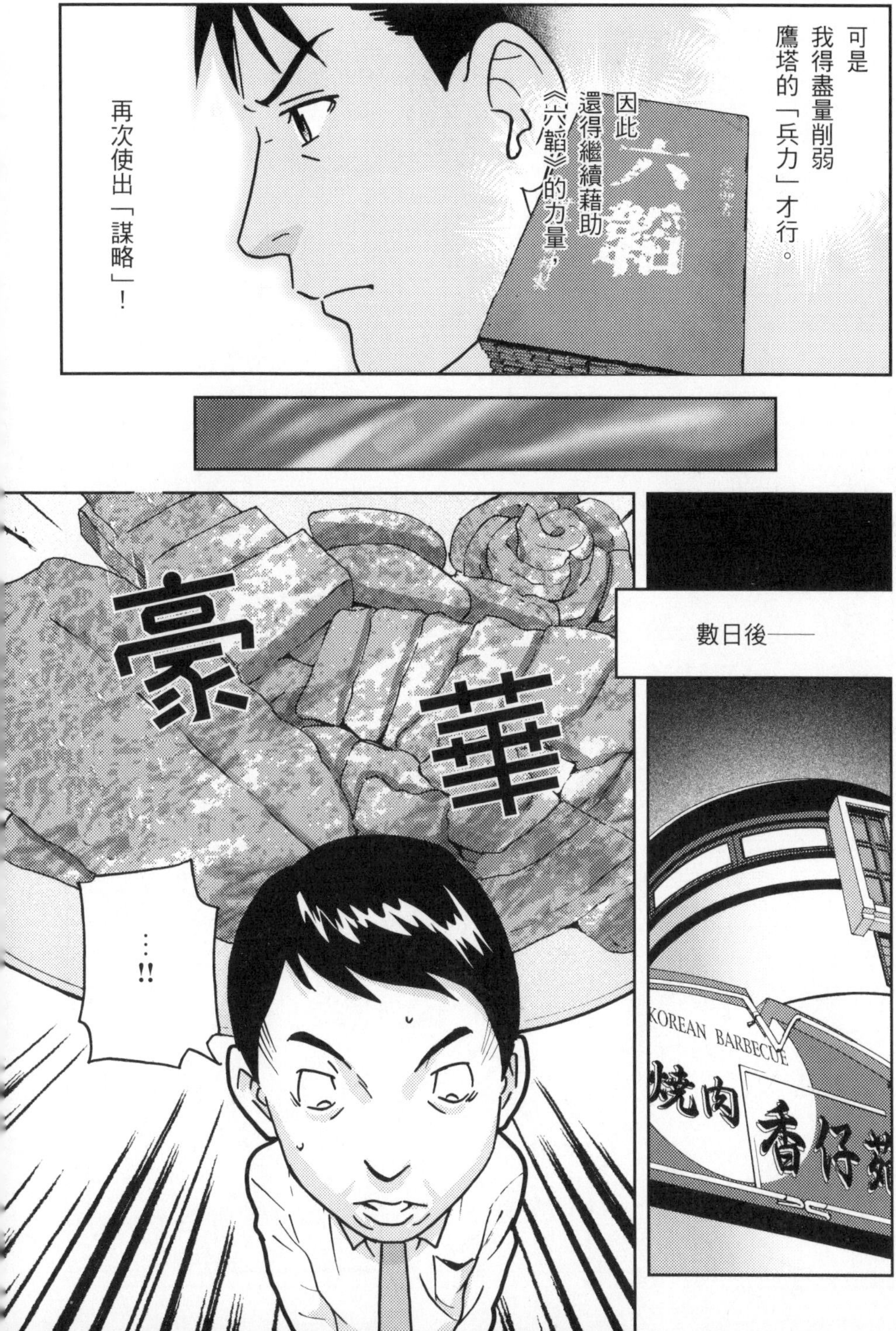
可是
我得盡量削弱
鷹塔的「兵力」才行。
因此
還得繼續藉助
《六韜》的力量，
再次使出「謀略」！
六韜
數日後──
KOREAN BARBECUE
焼肉
香仔苑
豪
華
……!!

滋滋作響…
……
請別客氣。盡量吃、盡量吃，別等它焦掉了，矢內課長。
……
滋滋作響…
放心啦，今天由我請客。
我原是你的前輩只是現在變成你的下屬罷了。
咦?!
唉呀…那是人事決定的…

我知道啦。
……
可是又要人事異動了。搞不好我們的頭銜和關係，又要改變了。
……
人事異動的消息千真萬確。
所以跟著現任經理會怎樣呢？倒不如跟著新任經理，你這個課長寶座才能高枕無憂吧？
！

可…可是…到底該怎麼做…
我的工作都和長谷部先生的工作成果無關…
我目前做的都是…
經理交辦的事。
……
簡單啦，
不做就行了
滋滋作響…
!?
不幫鷹塔先生做事…
就是大功一件了。

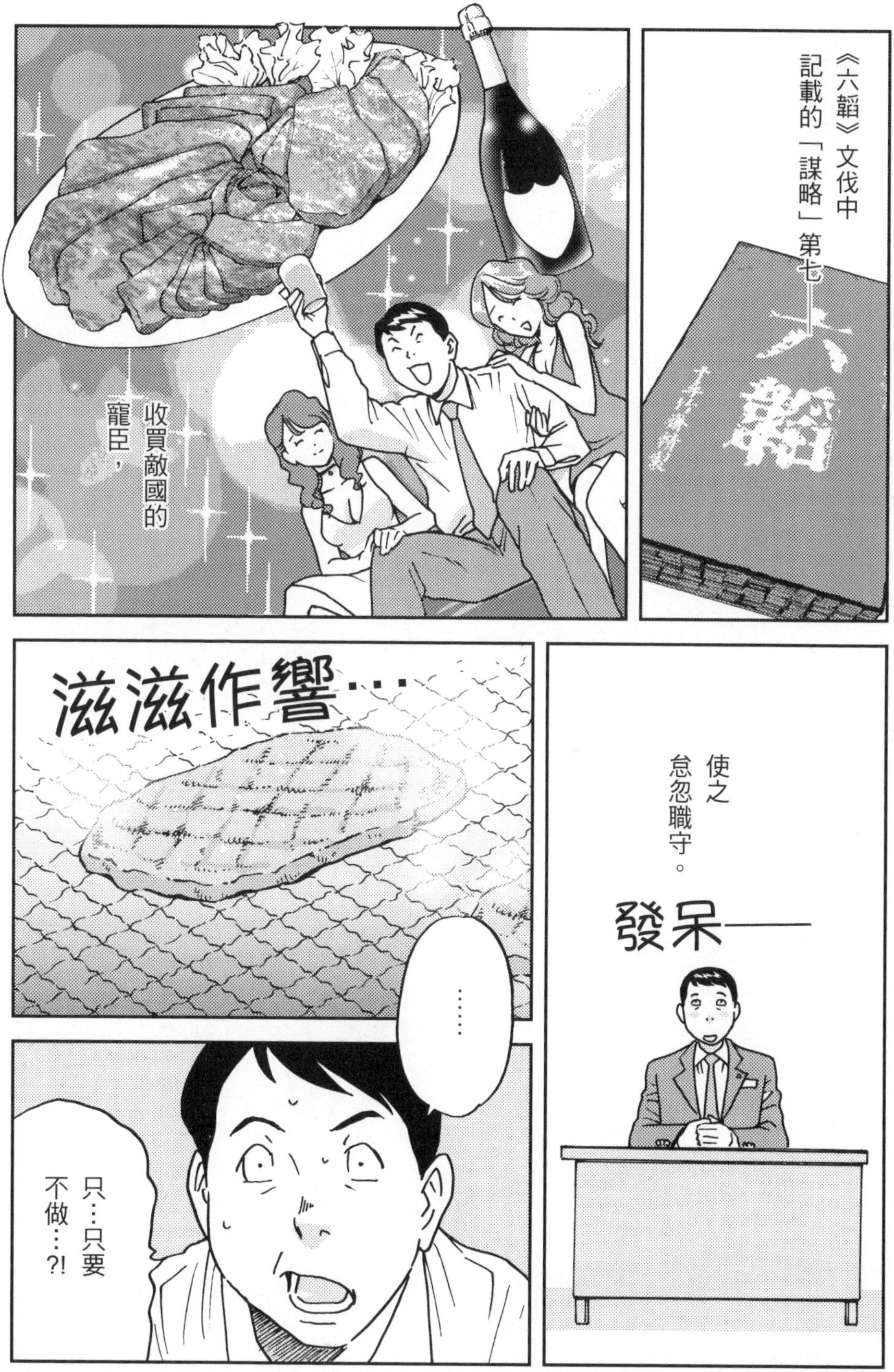
《六韜》文伐中
記載的「謀略」第七——
收買敵國的
寵臣，
使之
怠忽職守。
發呆——
滋滋作響…
……
只…只要
不做…?!

就行了！
光是這樣不但你的工作量會減少經理指派的工作成果也無法展現了！
微笑
大河原分行 成績統計圖
這麼一來總行對經理的評價自然變差，人事異動就更確定了。
你不認為等到經理換人後再努力工作就行了嗎?!
微笑
……！

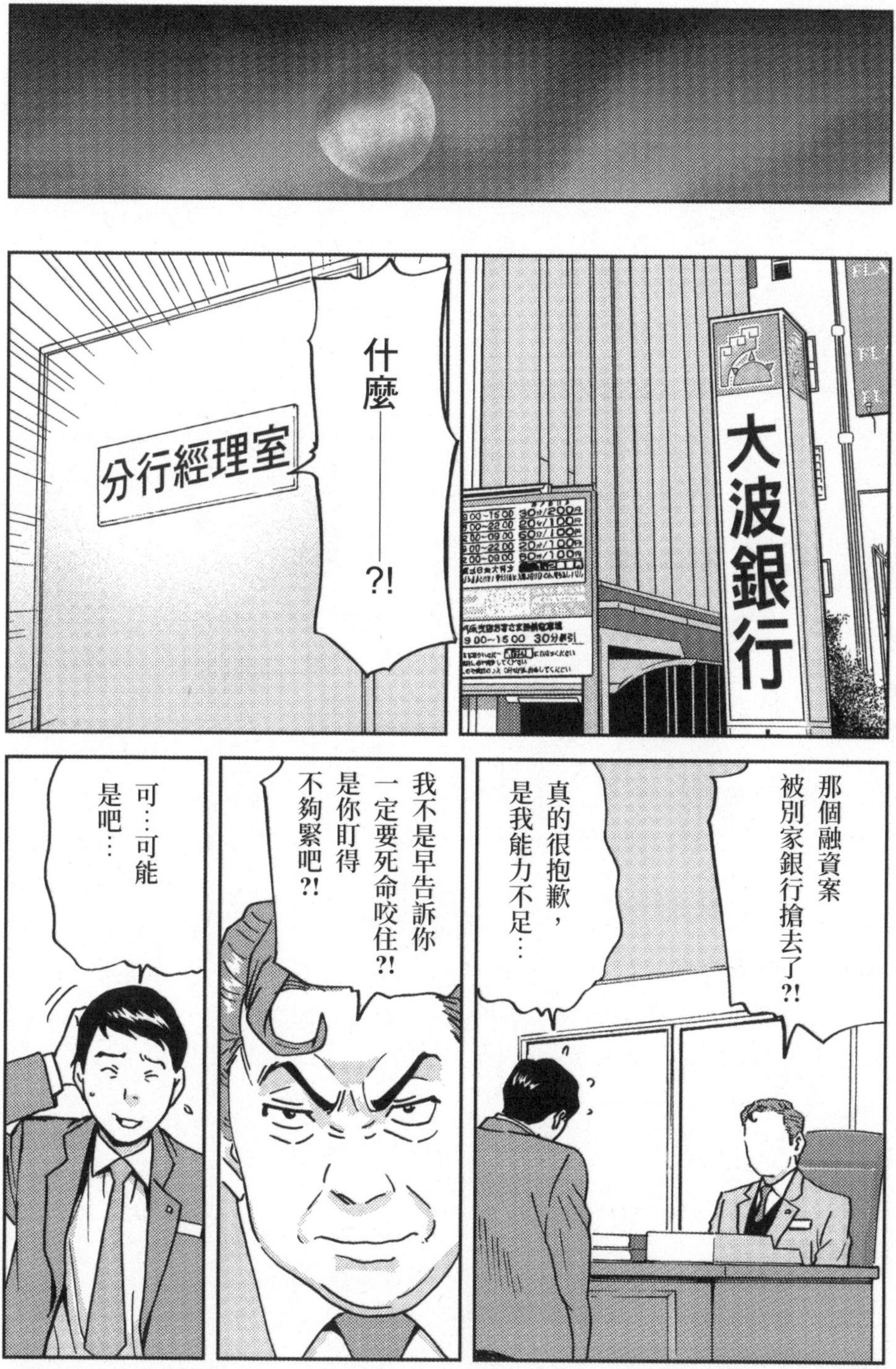
大波銀行
分行經理室
什麼——?!
那個融資案被別家銀行搶去了?!
真的很抱歉，是我能力不足…
我不是早告訴你一定要死命咬住?!是你盯得不夠緊吧?!
可…可能是吧…

少在那邊裝傻！給我振作點，矢內!!
就是因為你工作很拼，才終於能夠獨當一面！
我看得起你才讓你當上課長，你卻在那裡偷懶裝死!!
……
！
忿恨
抱歉！
矢內！

砰!
連矢內那傢伙…都要跟我造反了嗎?!
大波銀行
大波銀行
……
老是待在經理室裡,不太出了來…

鷹塔
對這家分行的職員
包括副理長谷部在內
都是呼之即來、
揮之即去。
現在
長谷部和
跟著他的那幫人，
全都離開了鷹塔。
剩下的
都是一些
辦事不力
的無能之輩。
可是
他們老是挨罵，
於是紛紛走人
開始不聽話了…
終於——

完全
孤立
《六韜》文伐中
記載的「謀略」第六
——

攏絡敵國
在朝中的「內臣」——
離間敵國
在朝外的「外臣」
讓他們出走，
或是
成為內鬼，
導致內部紛爭不斷後
……

這樣的國家——
不滅亡才怪！

一旦離間開始作用，
後面就簡單了。
一個拉一個
不斷離間下去
分崩離析了……
分行經理室
那位暴君
如今……
正在品嘗
孤獨的恐懼吧。
……

光是一則
無聊的傳聞…
就能眾叛親離
到這種地步?!
可惡!
我之前的那些努力
到底算什麼?!
明明我該
被調到總行,
接著有一天
當上董事,
再升任董事長的!
我的野心…
竟然被一個
毫無根據的謠言
給粉碎?!
緊握

叩叩
經理…我可以進來嗎？
!?
這個聲音是…香田…？
什麼事？進來。
行經理室
是！

咔嚓
打擾了
經理，
我有事想找您談談。

高級居酒屋
SHIN
香田…你找我有什麼事?
……
第五章 重寶
你是「長谷部派」吧?
不…你煽動長谷部讓他離開我…
應該說你是幕後黑手?

……
是的…
您說的沒錯…
這…這傢伙
這麼乾脆就承認了…
!?
因為我看不慣
經理您這種
高壓式的
自以為是的做法。
聘書
茲敦聘
矢內智彥先生
自平成二十四年四月一日起
擔任課長
年四月一日
河原分行
我的能力
明顯比矢內強，
您卻讓他
先升上課長。

所以
我故意放消息，
說您將會異動。
我要把你
從分行的頂點……
拉下來…
香田!!
你這傢伙!!
哼
!
跪

是我鬼迷心竅了!!
磕頭
!
我以為副理才是一位看重實力的領導者…
……
於是我向他進獻關於您的謠言…終於煽動了他!!

可是
後來我發現
副理其實是個
看重權力的人。
沙
沙
沙
沙
香田…
跟著我的意思…
你懂吧。
副理…
長谷部先生…
以派系人數擊敗您後，
就開始冷落我了。

經理！
請給我將功贖罪的機會！
!
經理您的成績向來有目共睹。
上面對您的評價應該很不錯才對！
所以…調到鄉下去的事…
根本不可能吧?!
!

我…
我也是這麼想的。
木島常務那些人
待我非常好。
木島武（53歲）
把我踢到
鄉下分行
這種事…
不可能的啦！
經理──
您讓矢內超越我、
先升上課長，
這種考驗算是…
對我的一種
關愛吧?!
嗯…
唉呀。

是我太愚蠢了!!
我會改過自新，全力輔佐經理您的!!
請您繼續朝更高的職位邁進！
…!

《六韜》文伐中
記載的「謀略」第十——

以謙遜的態度
服侍敵君，
抓住他的心、
順他的意，
讓他覺得可以
生死與共。

……香田……
你……你是真心的嗎？
當然！我只效忠經理您一個人！
……！
拍肩

了解。
香田…謝啦，
你讓我重新找回自信！
經理…
這麼做而
取得信任的話
——

就更容易
使出「謀略」了。
——數日後
彷彿
天要亡人般——
一天一天
走向滅亡之途！

香田…謝謝你，每晚都陪我啊。
哪裡這是我的榮幸！
話說回來那些傢伙，好像都還認定我今年會被踢走，
所以連陪我喝酒都不來了。
如果我今年沒被調走，我看那些傢伙的態度怎麼改變。
呵呵
可是啊——

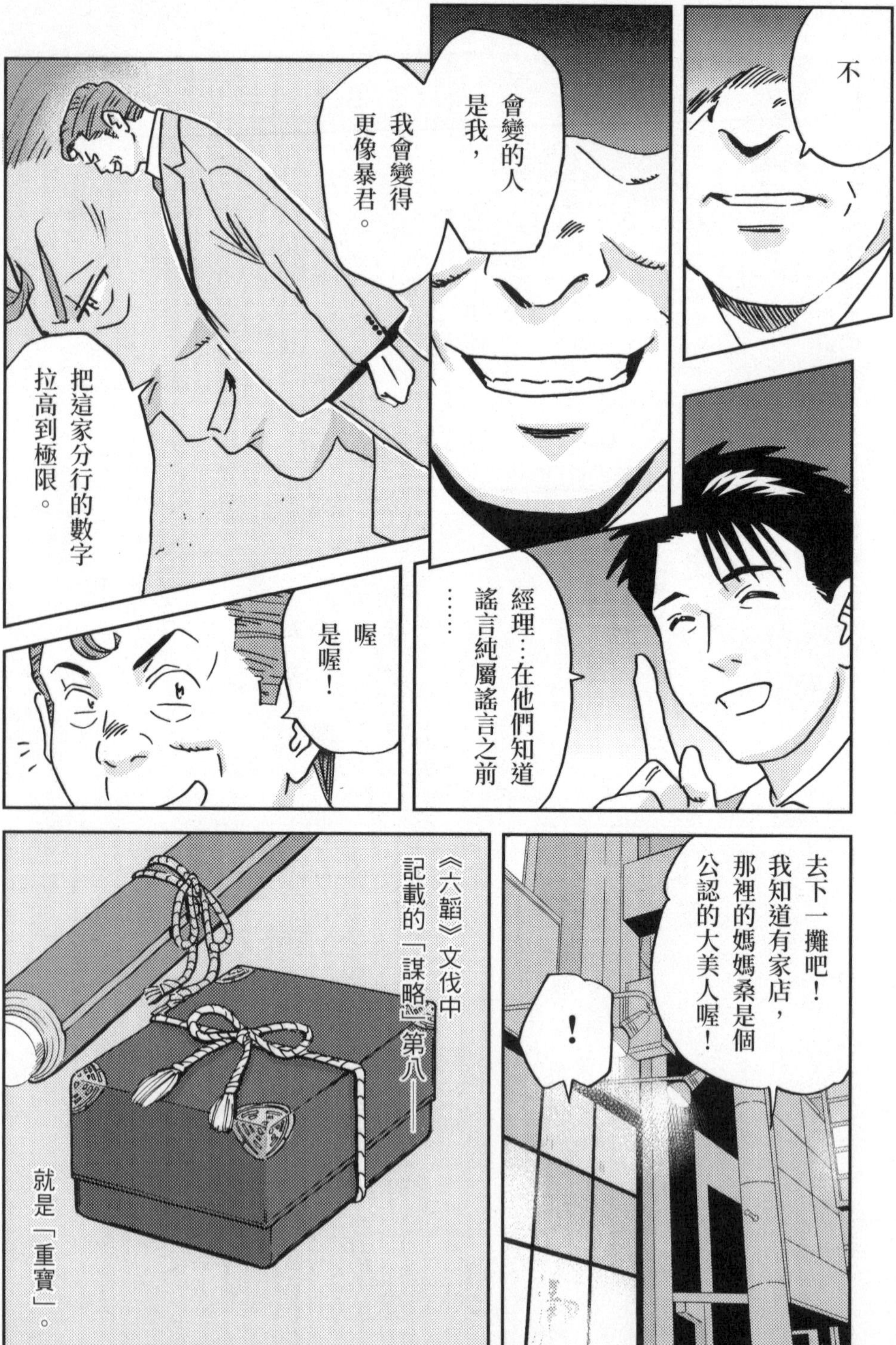
不
會變的人是我，
我會變得更像暴君。
把這家分行的數字拉高到極限。
經理…在他們知道謠言純屬謠言之前……
喔是喔！
去下一攤吧！
我知道有家店，
那裡的媽媽桑是個公認的大美人喔！
！
《六韜》文伐中記載的「謀略」第八——
就是「重寶」。

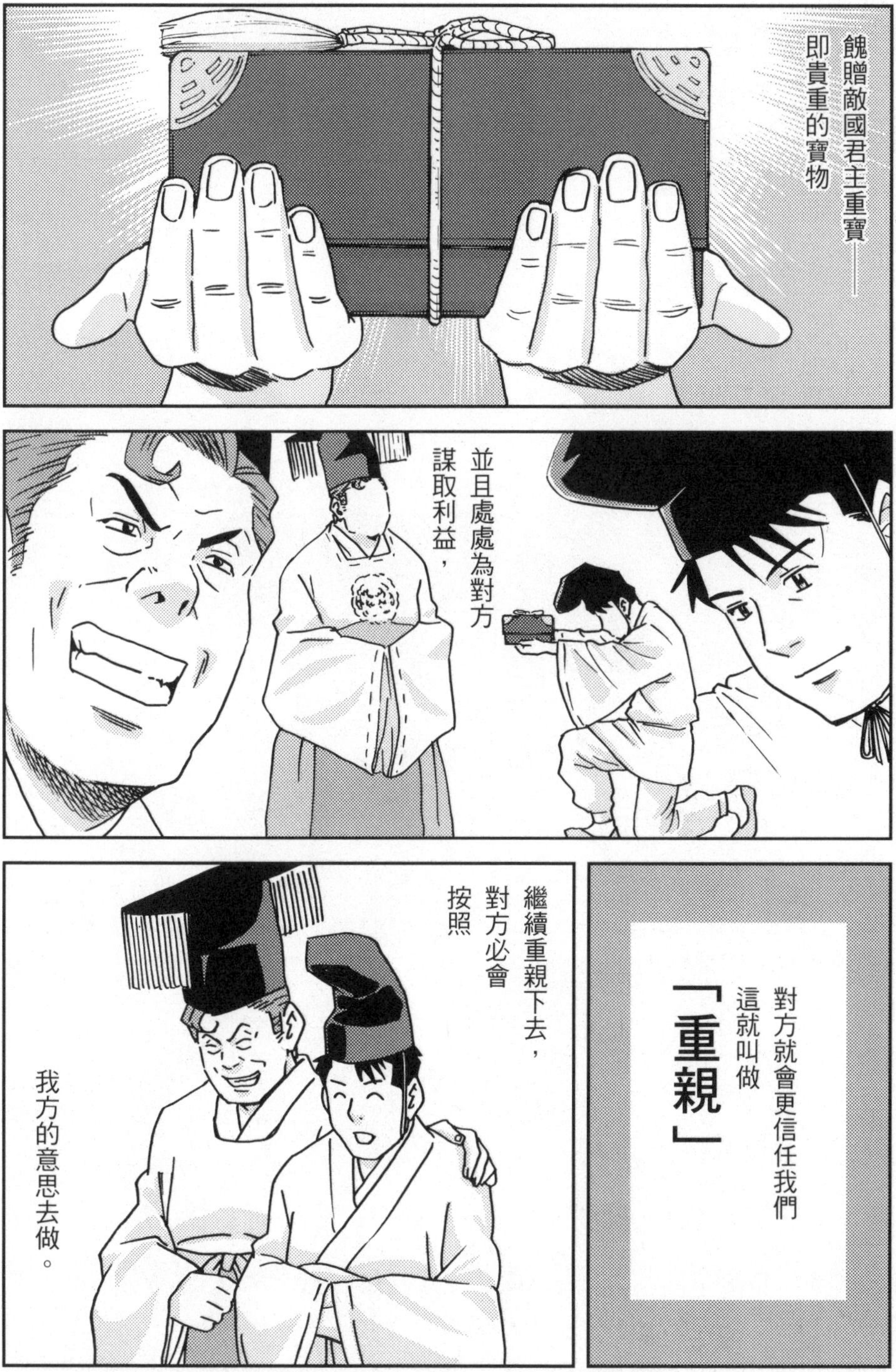

餽贈敵國君主重寶——
即貴重的寶物
並且處處為對方
謀取利益，
對方就會更信任我們
這就叫做
「重親」
繼續重親下去，
對方必會
按照
我方的意思去做。

美人?!
那不錯啊。
是的！
包您滿意喔！
是嗎？是嗎？
好期待啊！
止步
就是這家店！

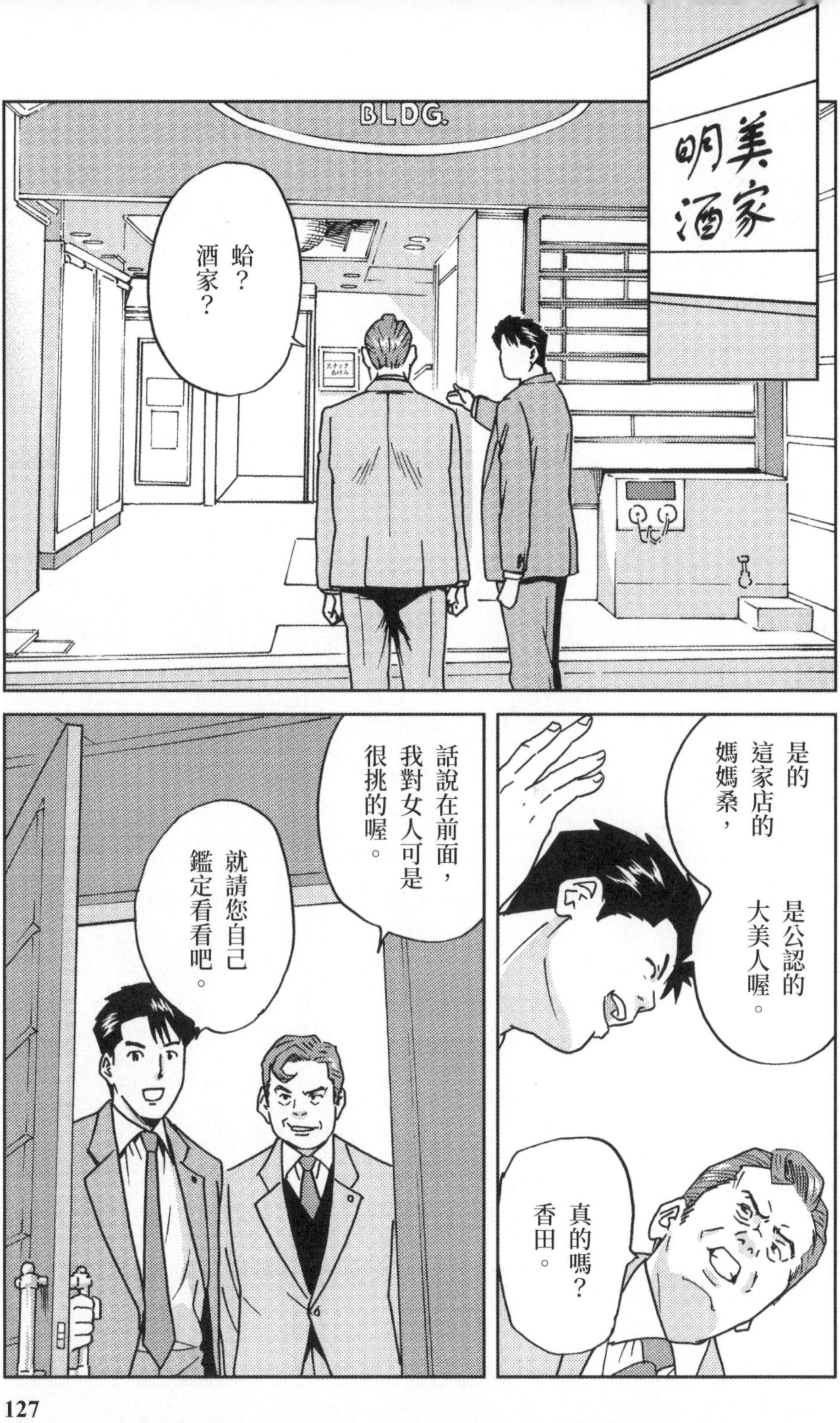
明美
酒家
BLDG.
蛤？酒家？
是的 這家店的媽媽桑，
是公認的大美人喔。
真的嗎？香田。
話說在前面，我對女人可是很挑的喔。
就請您自己鑑定看看吧。

!!
啊

歡迎光臨。請進請進…我是明美酒家的領班，我叫明美。
撲滿

您喜歡坐哪裡呢？
都可以坐喔。
微笑
經理……
我們到裡面去吧
嗯…喔…
是喔…
好！
這個「重寶」…
你上鉤了！
鷹塔！
請用手巾

《六韜》文伐中
記載的「謀略」第四——
用大量珠寶加以賄賂，
贈送美女以博取歡心。
助長敵君的放縱享樂，
擴大敵君的荒淫無度。

媽媽桑，妳真美啊。
對不對？香田。
對啊，標準大美女。
啊　兩位真是會說話啊。
來！我們乾杯吧。
很高興認識兩位　乾杯～
乾杯！
只要擺出低姿態　繼續迎合他，
這傢伙就會走上滅亡之路！
這樣　明美小姐…　妳就能報仇了！

從那一天起，
鷹塔——
鷹塔先生
歡迎光臨，
經常去
她的店裡報到。

大波銀行
分行經理室
香田…不知道為什麼，那個明美媽媽桑
我是第一次看到這麼美麗性情又這麼溫柔這麼無可挑剔的女人啊～
自從那天起我就每天晚上都到「明美」報到了。
你這個無可救藥的
窩囊廢！
是嗎？那麼我的介紹就有價值了！
差不多該使出來了吧？
『最後的謀略』!!

經理…
分行經理室
如果不會給您添麻煩的話，下回我可不可以一起去？
喔！當然好啊！選日不如撞日今晚就去吧！
第六章 解決
說起來真丟臉，現在我沒喝酒的話，還真的不行呢。
我一看到明美那雙漂亮的眼睛，就害羞到不敢直視。
表示我是一個純情男吧
您的心情我了解，畢竟是大美人嘛。
我看您對明美媽媽桑已是一往情深了！

要設局的話
就是今晚了！
明美酒家
呼
咕嚕
喔！
暈眩
您還好嗎？經理。
哐啷
好像…有點喝過頭了……
搖搖晃晃
唉呀呀…那就稍微躺一下吧。

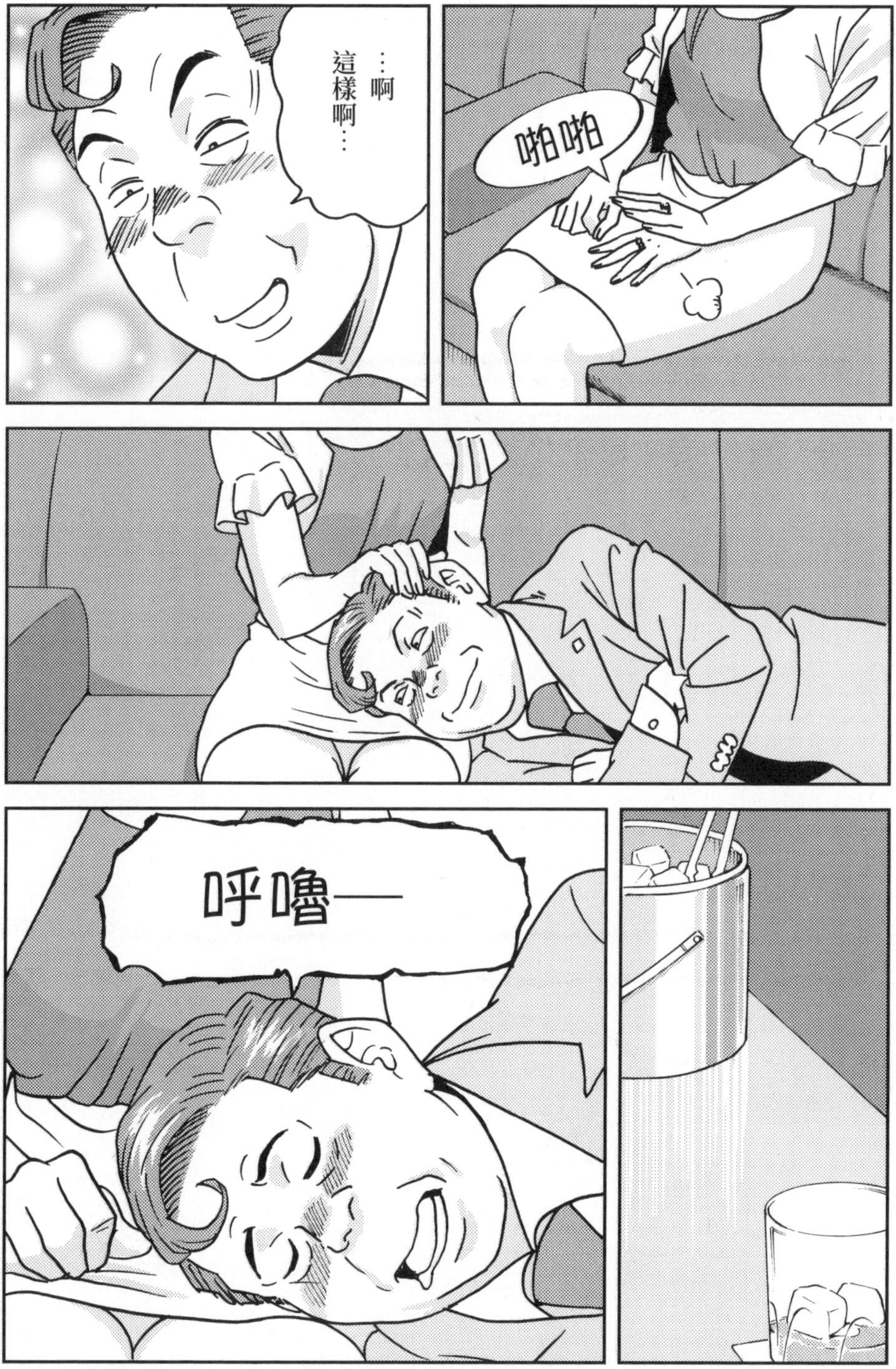
啪啪
…啊
這樣啊…
呼嚕──

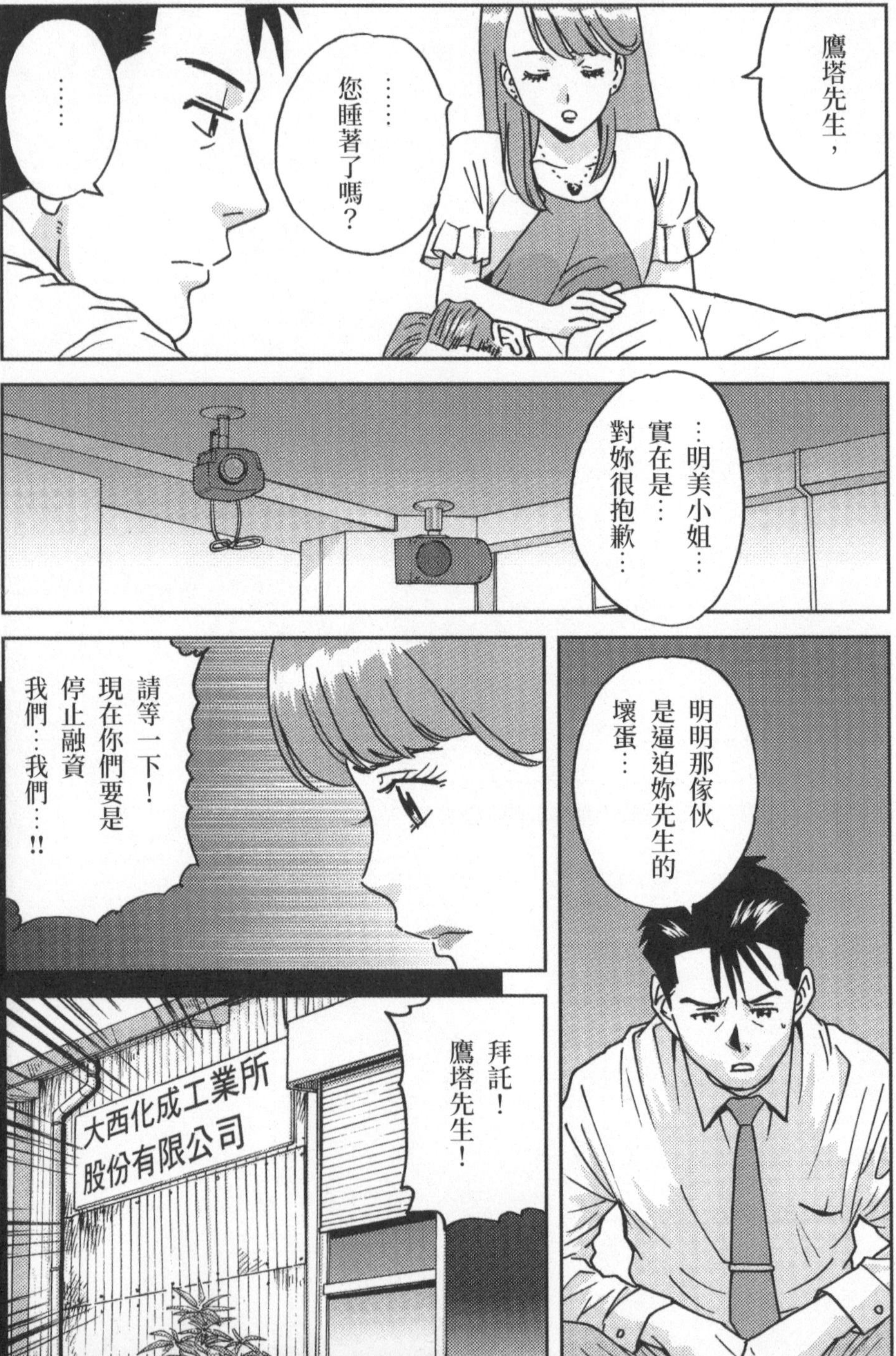
鷹塔先生，
……您睡著了嗎？
……
…明美小姐…實在是…對妳很抱歉…
明明那傢伙是逼迫妳先生的壞蛋…
請等一下！現在你們要是停止融資我們…我們…!!
拜託！鷹塔先生！
大西化成工業所股份有限公司

拜託！我們會連員工的薪水都付不出來！
啊——放手！誰管你去死！
哼！井上課長跟你講了什麼我不知道。但是，對我沒好處的話休想要我融資給你!!
你就算死在路邊也不干我的事！
砰！

嗚……嗚……
鷹塔先生
老公…銀行辦理融資的那位井上先生打電話來…
啊……啊……
不要!!!

我先生唯一的優點
就是非常認真。
所以
他覺得責任重大…
你們夫妻的事，
我聽井上課長
說了…
你拜託我幫忙時
我真的嚇了一跳，
但我對這個壞蛋
恨之入骨。
……
香田先生
趁現在！
點頭
沙—

……
井上課長告訴我，
鷹塔有個記事本。
咔嚓
咔嚓
咔嚓
咔嚓
TOILET
咔嚓
這個…
還有這個…
每個案子都很怪…
起疑
將公司的膿瘡
……
呼嚕——

全部清除!!
大波銀行
大河
果然……
這個案子的會簽文件很奇怪……
融資對象的決算書明顯經過纂改，
擔保審查也是。

大波銀行總行
常務室
叩叩
進來。
本島常務，打擾了。
這是寄給您的包裹…
看起來…像是文件…

的確
看起來很像…
!?
…這…
這個是……
這種東西
要是給外面…
不！
要是給媒體知道，
就完蛋了!!

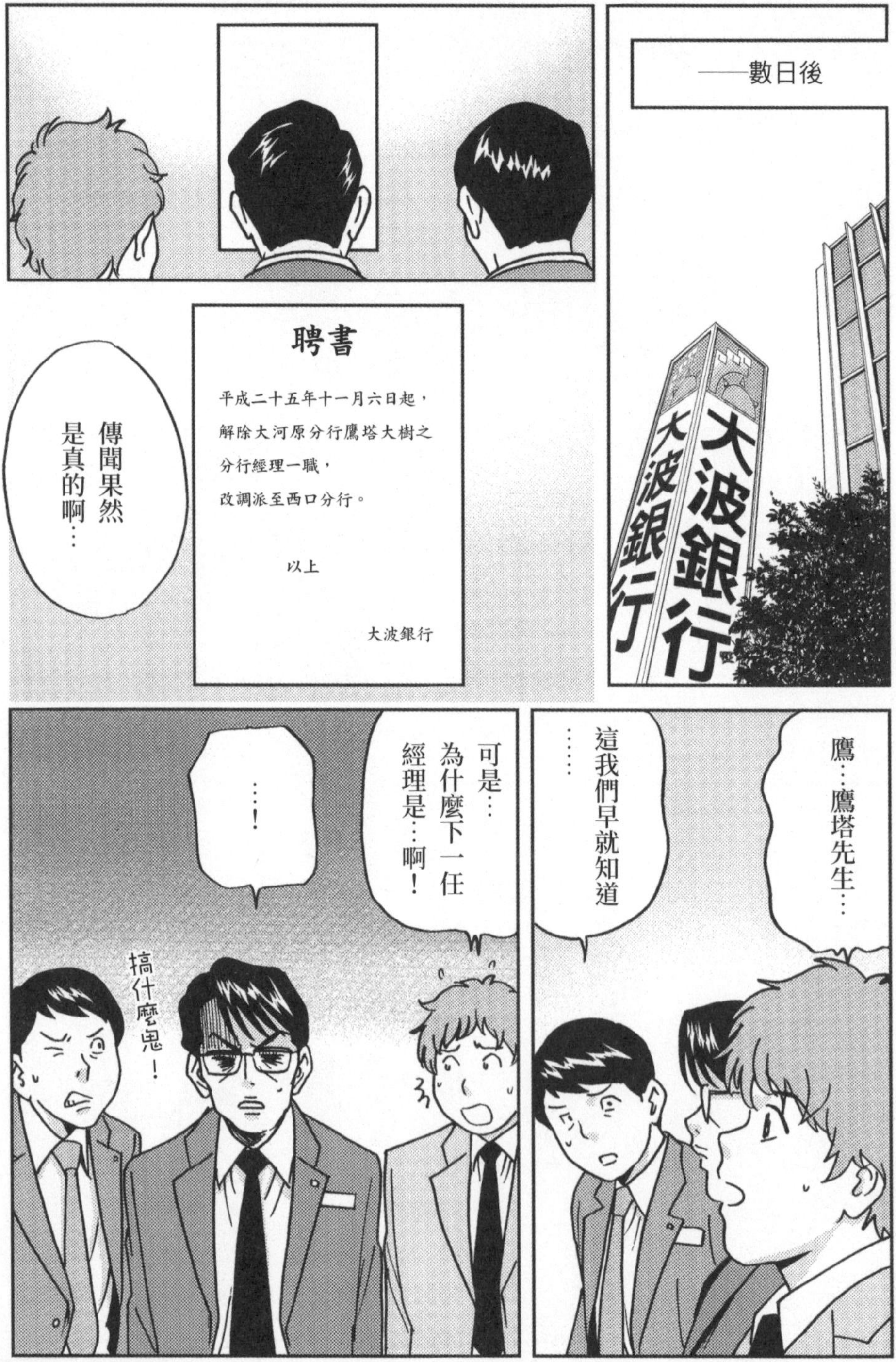
——數日後
大波銀行
大波銀行
聘書
平成二十五年十一月六日起，
解除大河原分行鷹塔大樹之
分行經理一職，
改調派至西口分行。
以上
大波銀行
傳聞果然是真的啊…
鷹…鷹塔先生…
這我們早就知道……
可是…為什麼下一任經理是…啊！
…！
搞什麼鬼！

分行經理室
咔嚓
經理!!抱歉!
事情怎麼會這樣?!
我要被調走了……會從其他地方派經理來……
到底為什麼?!

大波銀行　總部大樓
昨天…下午…本島常務把我叫去。
常務室
!?
啪噠
你看。
那件融資的事被人知道了…
!
……

……那該怎麼辦？鷹塔。
恕…恕我直言本島常務…
那…那是上面…
…扛起來吧
由你這傢伙來扛起責任。
…！

至於怎麼處分
我再跟你說。
砰！
掉落
咂啷——
墜入深淵

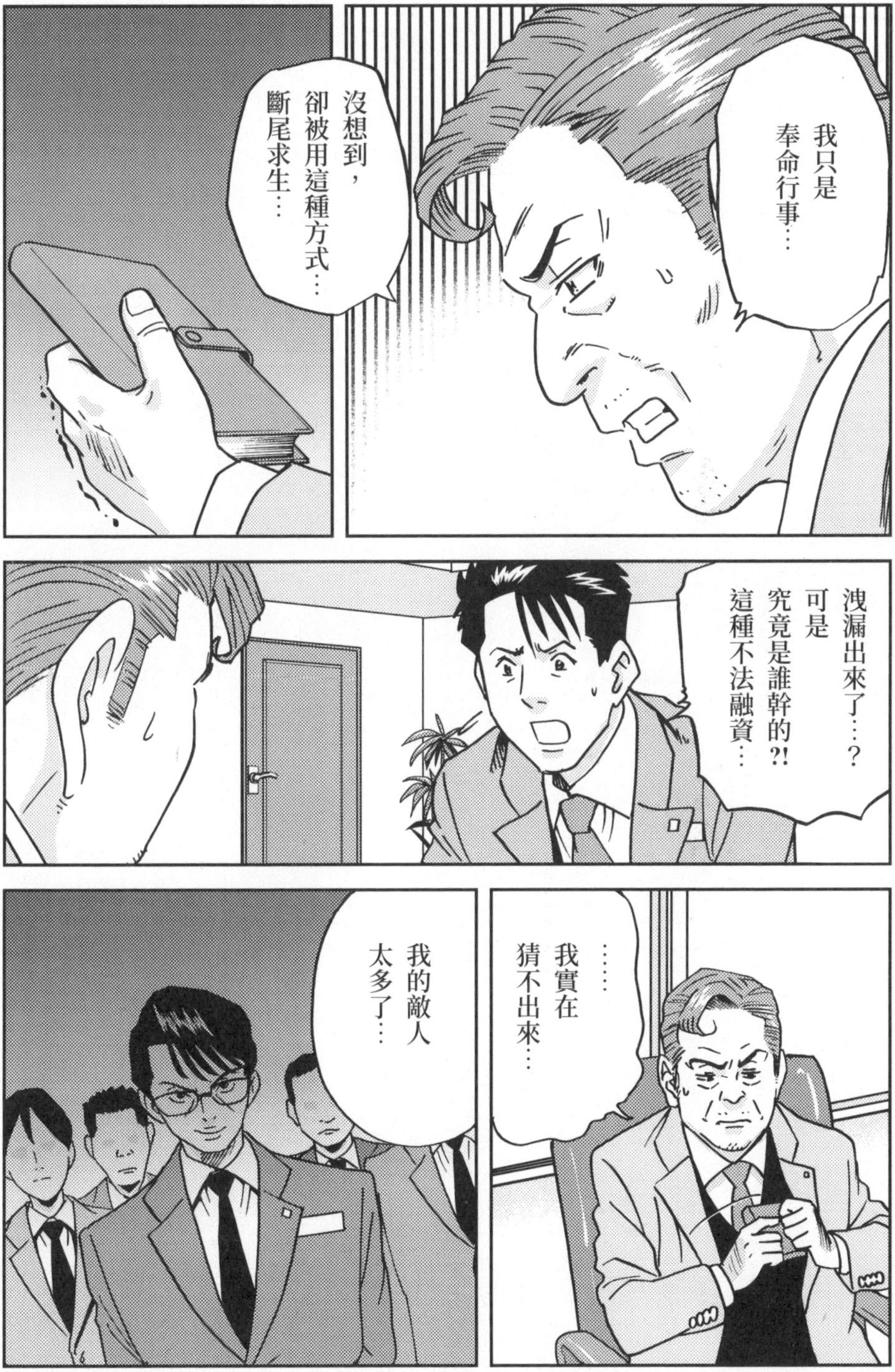
我只是奉命行事…
沒想到，卻被用這種方式斷尾求生…
洩漏出來了…？可是究竟是誰幹的?!這種不法融資…
……我實在猜不出來…
我的敵人太多了…

下放後的日子會很煎熬…但我會死纏者這家大波銀行直到退休為止。
大波銀行 大河原分行
鷹塔…
似乎沒有懷疑到我…

咔嚓
為了改變這個國家
──請容我出手解決一切。

《六韜》文伐中
記載的「謀略」——
六韜
馴服
敵國的亂臣，
長谷部先生
下一任的分行經理
是您喔！
您比鷹塔經理
優秀太多了！

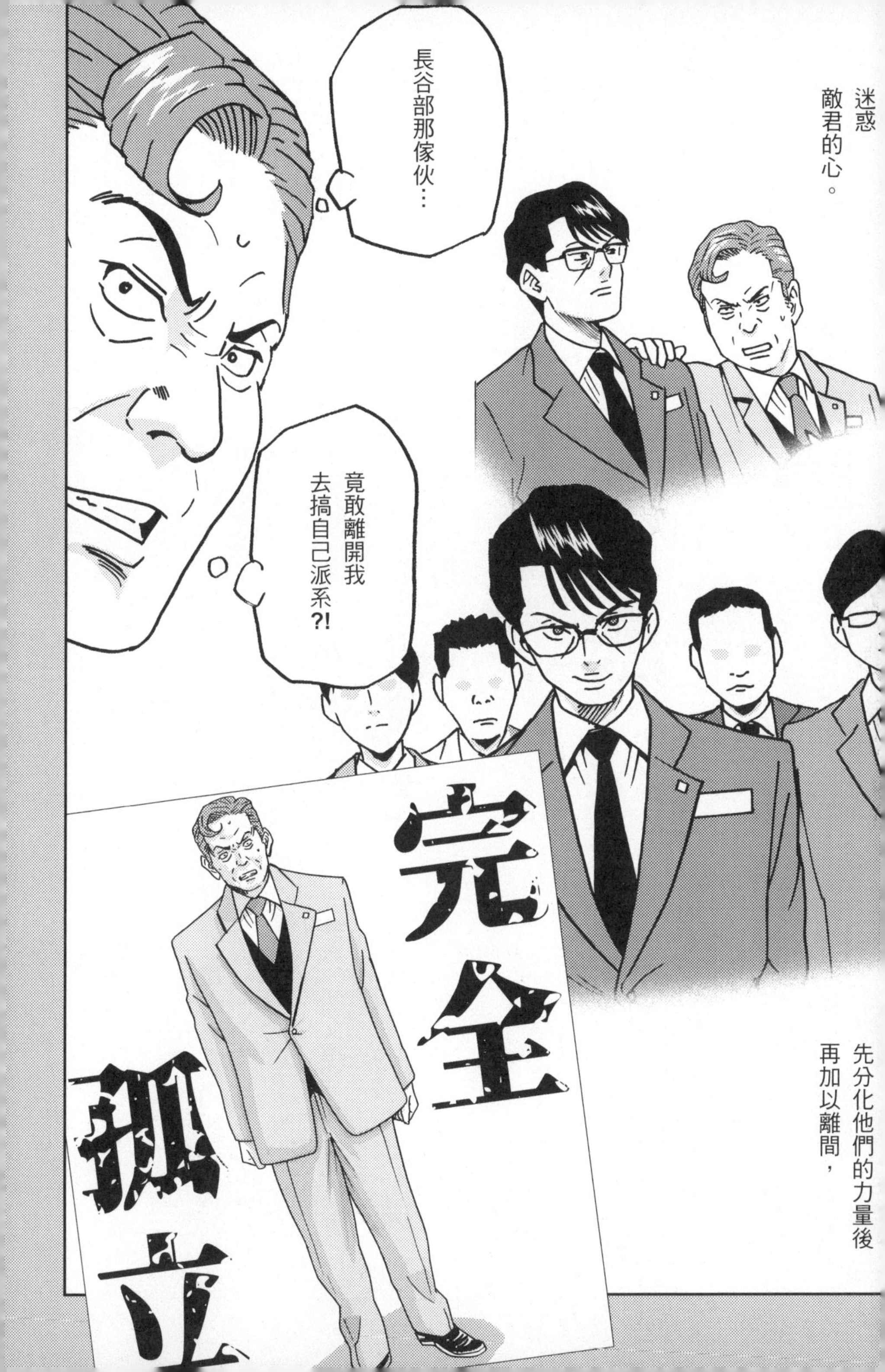
迷惑敵君的心。
長谷部那傢伙…
竟敢離開我去搞自己派系?!
先分化他們的力量後再加以離間，
完全孤立

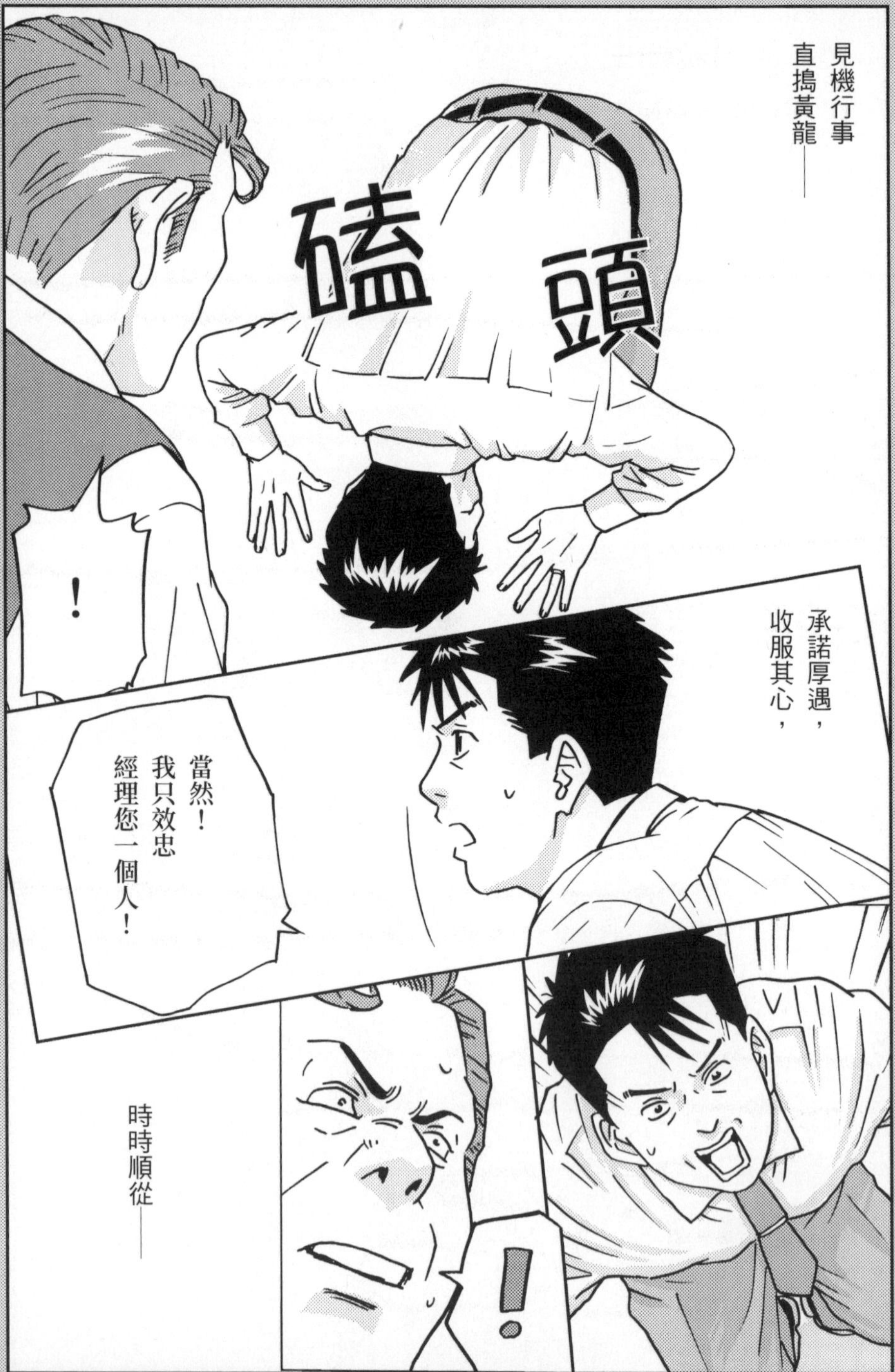
見機行事
直搗黃龍——
磕頭
承諾厚遇，
收服其心，
當然！我只效忠經理您一個人！
時時順從——

時而誘惑——
就是這家店！
歡迎光臨，請進請進……我是明美酒家的領班，我叫明美。
餽贈重寶推薦美女等，
撲通

使之迷惑。
不斷到她的店報到。
最後的「謀略」
第十二——
只要機會來了
……
你看。
啪噠
!?
就可以藉他人之力——

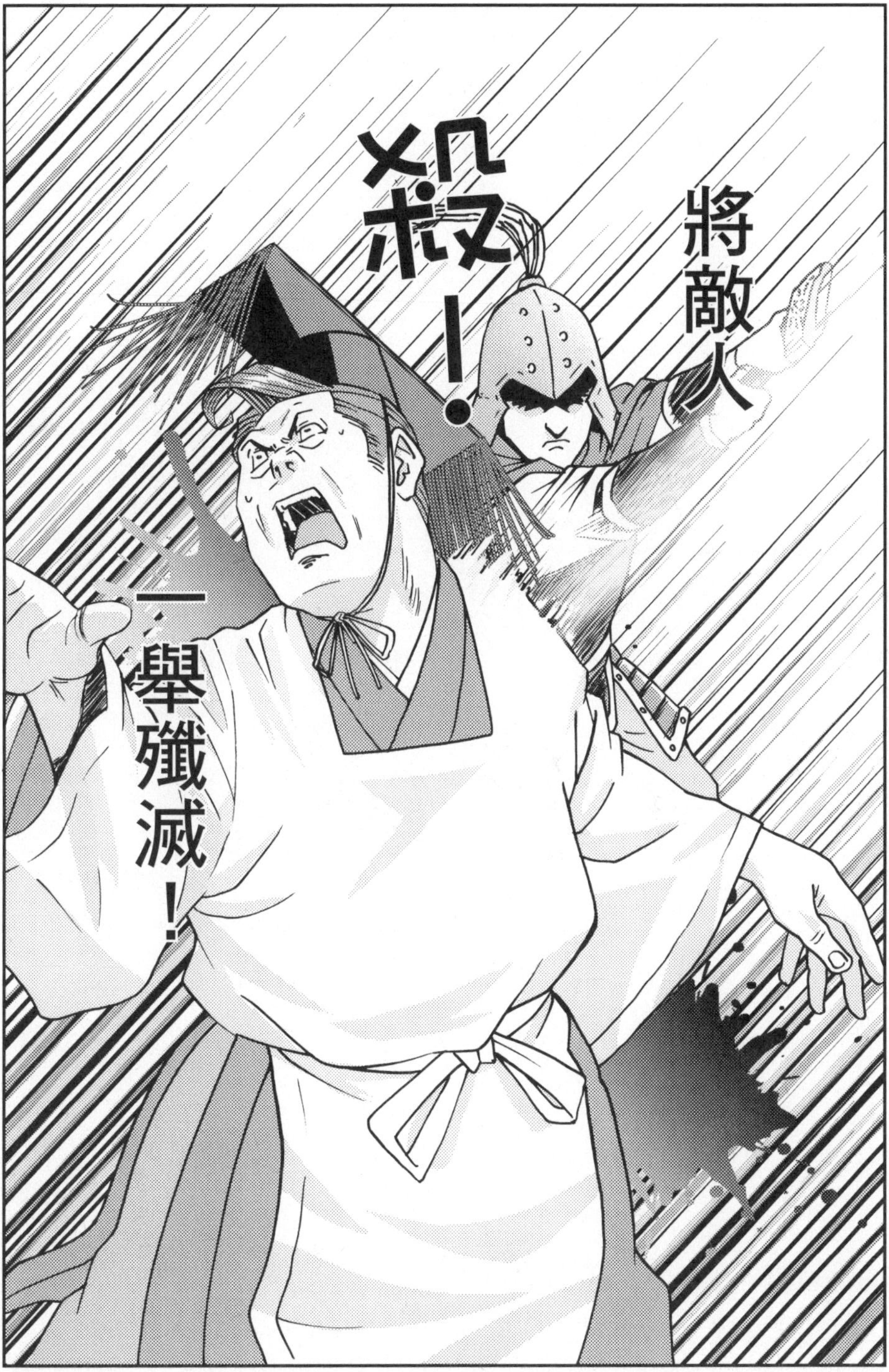
將敵人
殺！
一舉殲滅！

終於——
我藉助《六韜》之力
將文伐的「謀略」
全部派上用場。
大波銀行 大河原分行
第一 為討好對方而依照他的期望行動
第二 馴服敵國的寵臣，分化他們與君主的力量
第三 賄賂敵君的近臣，收買他們的情意
第四 饋贈寶石與美女，助長敵君的奢淫之氣
第五 優遇敵國的忠臣
第六 攏絡敵國的內臣，離間敵國的外臣
第七 唆使敵國的寵臣怠忽職守
第八 贈送重寶，為對方謀取利益
第九 讚美敵君，使之龍心大悅
第十 以謙虛的態度侍奉敵君，抓住他的心
第十一 對敵國大臣做出將予厚遇的承諾，收服其心
第十二 等良機來臨，即藉他人之力一舉殲滅
雖然身為弱者
也能不被擊潰地…
打倒
此國最厲害的
「強者」!!
大功告成了…

鷹塔離開
大波銀行大河原分行
第七章 賢君
三年後——
大波銀行 大河原分行
FLAG
FLAG

大波銀行
大波銀行
咚
咚
咚
咚
有這件事吧？
以分行經理的身分回來，

咔嚓
那個香田，要回來大河原分行這裡。
STAFF ONLY
大波銀行 大河原分行
分行經理
香田

以那個年紀當上分行經理，算是出人頭地的特例了…
聽說他在那家分行也是業績的常勝軍…
看來我…慘了啊…
怎麼了？
不好意思——早你一步當上課長。
今後請稱呼我「矢內課長」。你得給旁人做個榜樣啊。
——!!
因為當時我對香田的態度非常傲慢…

驚嚇
我有件事…想拜託矢內課長。
啊
大波銀行
…拜託我嗎…？
呃～～～～～～?!是要將我踢出大門嗎？
犬韜教戰第五十四
首先向一個人學習，
那個人再教導十個人，
然後受教的十個人，再分別教導十個人。

如此重複下去
就能組織百萬大軍——
雷
動
轟轟
然～
就能向天下
展示威力!!
原來如此…
如此一來
能讓他們工作得
更上手是嗎？
矢內課長
你經驗豐富，
而且能言善道。
!?

所以
希望你能好好幫忙，
教導晚輩們。
這樣還能
提升整個分行的
戰力！
這件事
我只能拜託矢內課長，
請你務必幫忙。
知…
知道了！
聽好了，你們
要讓客戶記得我們
就要…
他有他的長才
一定要善加利用。
關鍵的時刻
推人一把，
非常重要。

分行經理室
……
沒想到也有坐上這個位子的一天……
！
一路以來，我都是藉助《六韜》之力……
六韜

今後
我要當一位
堂堂正正的賢君
……
將《六韜》的其餘部分
全數實踐!!
香田經理，
早安！

早啊
金光小姐，
加油喔。
！
「君主」
應該保持心志
安詳穩重，
沉著清靜。
是！
身段柔軟，
進退有節，
不與人爭執。
佐藤小姐，
奧平小姐，
早！
早安，
香田經理。
對人不要有成見，
對事要公正不偏。
請到
二號窗口
謝謝
我是
這樣想的啦…
聽取下屬的報告時，
也是一樣。

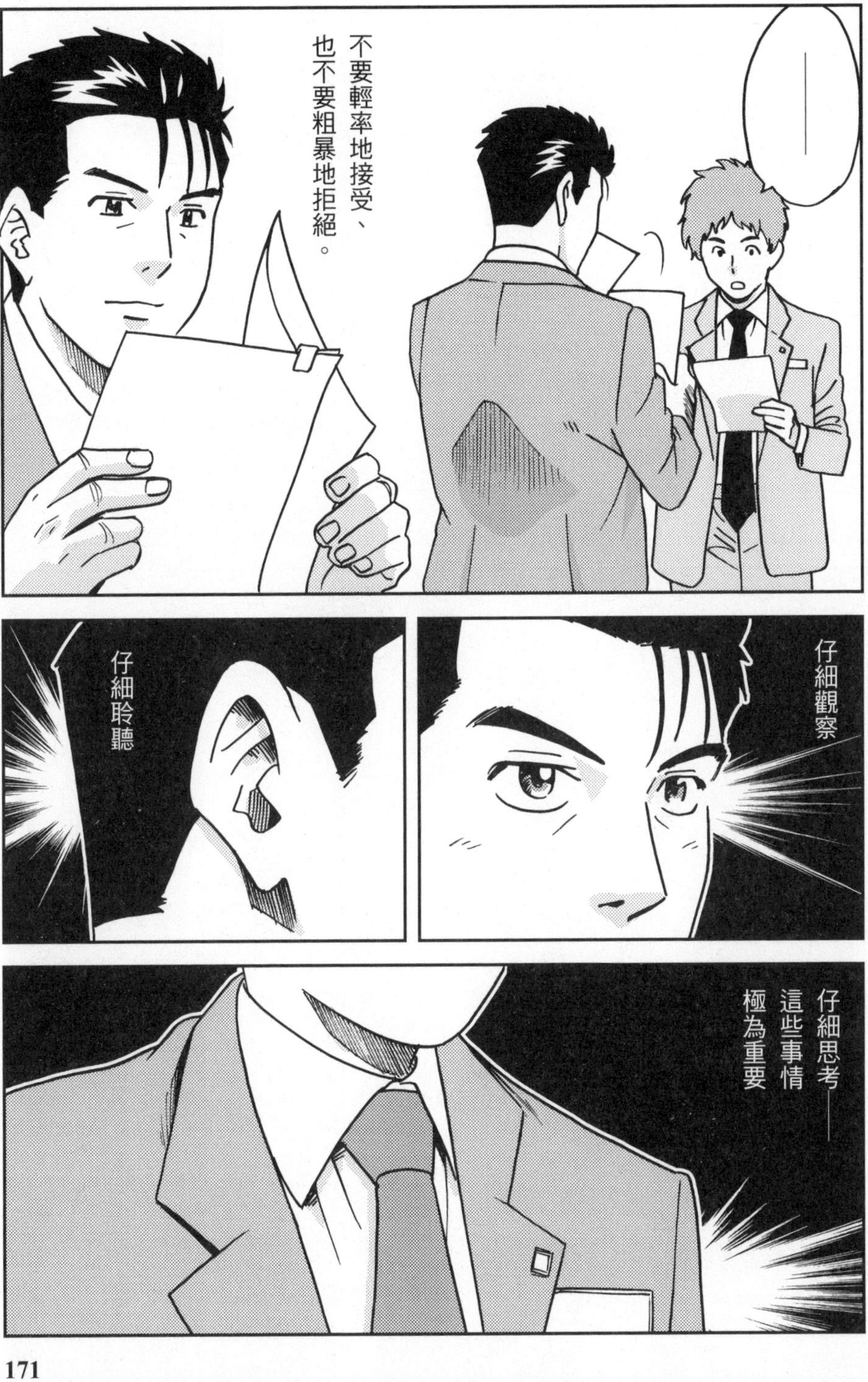
——
不要輕率地接受、
也不要粗暴地拒絕。
仔細觀察
仔細聆聽
仔細思考——
這些事情
極為重要

第一會議室
使用中
此外
對於下屬——
誰提出的想法
最棒，
我就讓他擔任
這次計畫的領導人。
!?

接下來
我會賞罰分明，
表現積極的人
我必有重賞
……
文韜 賞罰
第十一
犯錯的人
我也會給予
適當的懲罰，
讓他好好反省。
不論是副理
或是新人，
一律一視同仁。
領導人
必須公平對待
所有人。

團結一氣，同仇敵慨，
攻無不克！
希望你們年輕人能用積極進取的心情，
……!!
上緊發條打拼！
……!!

──數日後
第一會議室
使用中
寫這份文件的人是仲田小姐妳嗎？
啊 是的！
要融資的對象是岩井鑄物工業…
是的。
那家小小的小鎮工廠?!
融資給那種前景不明的公司不會有賺頭吧…
仲田小姐妳為何認為這家小鎮工廠未來很有發展呢？
是這樣的！我是親自到這位客戶那裡觀察，聽取他的說明後才下判斷的。

那是去年夏天的事。
我到岩井鑄物工業，
向社長做例行性拜會。
您好！我是大波銀行的仲田。
社長！岩井社長！
空隆空隆
啊 仲田小姐，大熱天還讓妳跑一趟。
拭汗
這裡說話不方便，我們還是到上面的辦公室去吧。
喝麥茶可以嗎？
好的，謝謝！
社長 現在真的沒人要做鑄鐵這一行了嗎？

現在的年輕人，哪肯幹這種費工夫的活。
我的小孩也都當公務員去了。
好可惜喔…社長您做的東西不但質優在我眼中根本就是藝術品！
真是不食人間煙火
聽妳這麼說，我真開心啊！
那裡的茶壺非常棒。只可惜在國內的銷售量，已經到達極限。
那麼妳為什麼願意融資給他呢？

有一天，我突然靈光乍現。
我想到法國很早就流行日本風，如果國內行不通外銷應該可以才對。
對喔！我看電視說，在法國學柔道的人口是日本的兩倍呢。
嘩～
於是前幾天我將岩井社長介紹給網購業者，
岩井社長
網購業者
結果法國來了一大票訂單已經來不及生產了。
所以需要資金來投資設備，對吧？
是的！

從前有個相中日本傳統鐵壺的海外名牌廠商，
大膽地為鐵壺上了前所未有的顏色，結果在歐洲大賣。
咦！
這種事啊？
仲田小姐的靈光乍現很棒，但更棒的是：她能夠親自去拜訪這些不起眼的小企業。
最近銀行為了快速獲利都只願意強打金融商品。
你們也要學學仲田小姐，不論規模多小的企業，都要親自造訪。去發現還不知道的技術。
おおなみ銀行

搞不好
連他們自己
都沒注意到
自己技術的可貴。
如果這樣
就學學仲田小姐，
動腦筋幫忙出主意！
好!!
呃…
那麼我的報告
是不是可以…
那當然！
我會批准妳的報告，
好好加油喔。
好的！
謝謝您!!

寬容的度量
約束眾人的信義
武韜 順啟
第十六
受人愛戴的
仁愛
經理
謝謝您的招待!
對眾人的恩惠
居酒屋
以及
為保住國家而施以
權謀
為了提升
分行的成績…

能夠斷然
採取行動的
決斷力
大波銀行
大波信用卡借貸
1～500 萬圓
約 5.5%
2000 圓起
大波銀行
○商品、服務說明書
具備
度量、信義、仁愛
恩惠、權謀、決斷力
這六項的人
可以成為一位有德者、
一位賢君而
治理天下!!

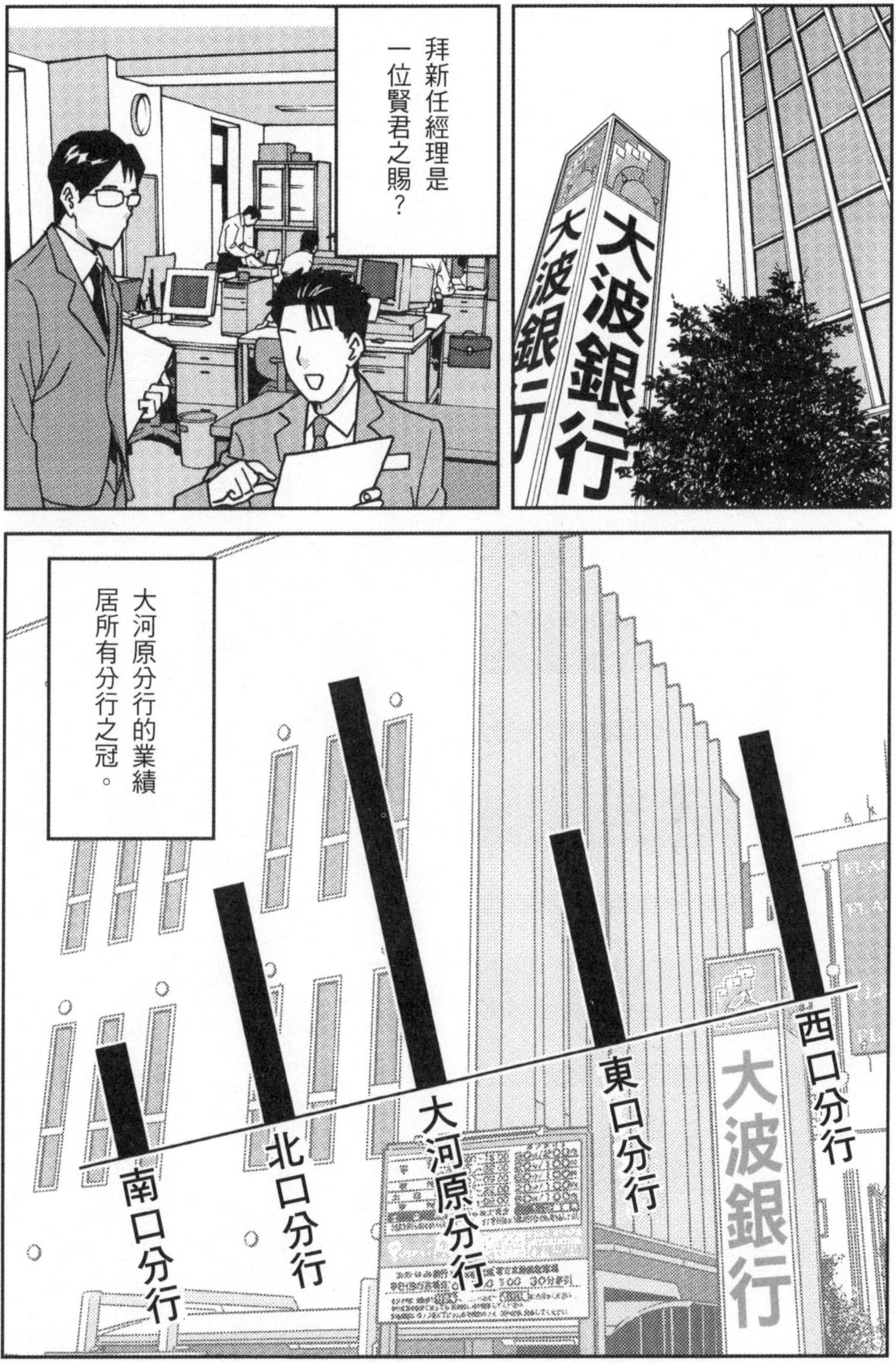
大波銀行
拜新任經理是一位賢君之賜？
大河原分行的業績居所有分行之冠。
西口分行
大波銀行
東口分行
大河原分行
北口分行
南口分行

乾杯──！
哐
爸爸，恭喜你！
我能夠有今天。
都是因為…詩織。
因為有家人的支持，
謝謝妳，愛莉。

實在難以啟齒…想拜託妳一件事
拜託？
對…冬季的獎金可不可以讓我自由使用？
拜託！什麼都別問，請妳相信我…
我提出那種莫名其妙的要求，
她沒多問就同意了。
…好的
我真的打心底感謝妳
詩織…謝謝妳。
老公…

？
可是從整個組織來看，我只是一名優秀的將軍而已。
所以希望妳們能繼續相信我、支持我…
我一直都很相信你，
因為你確實遵守了我們當時的約定。
要好好珍惜自己和家人！
我也會支持爸爸♡
謝謝妳，愛莉。爸爸會好好加油的!!

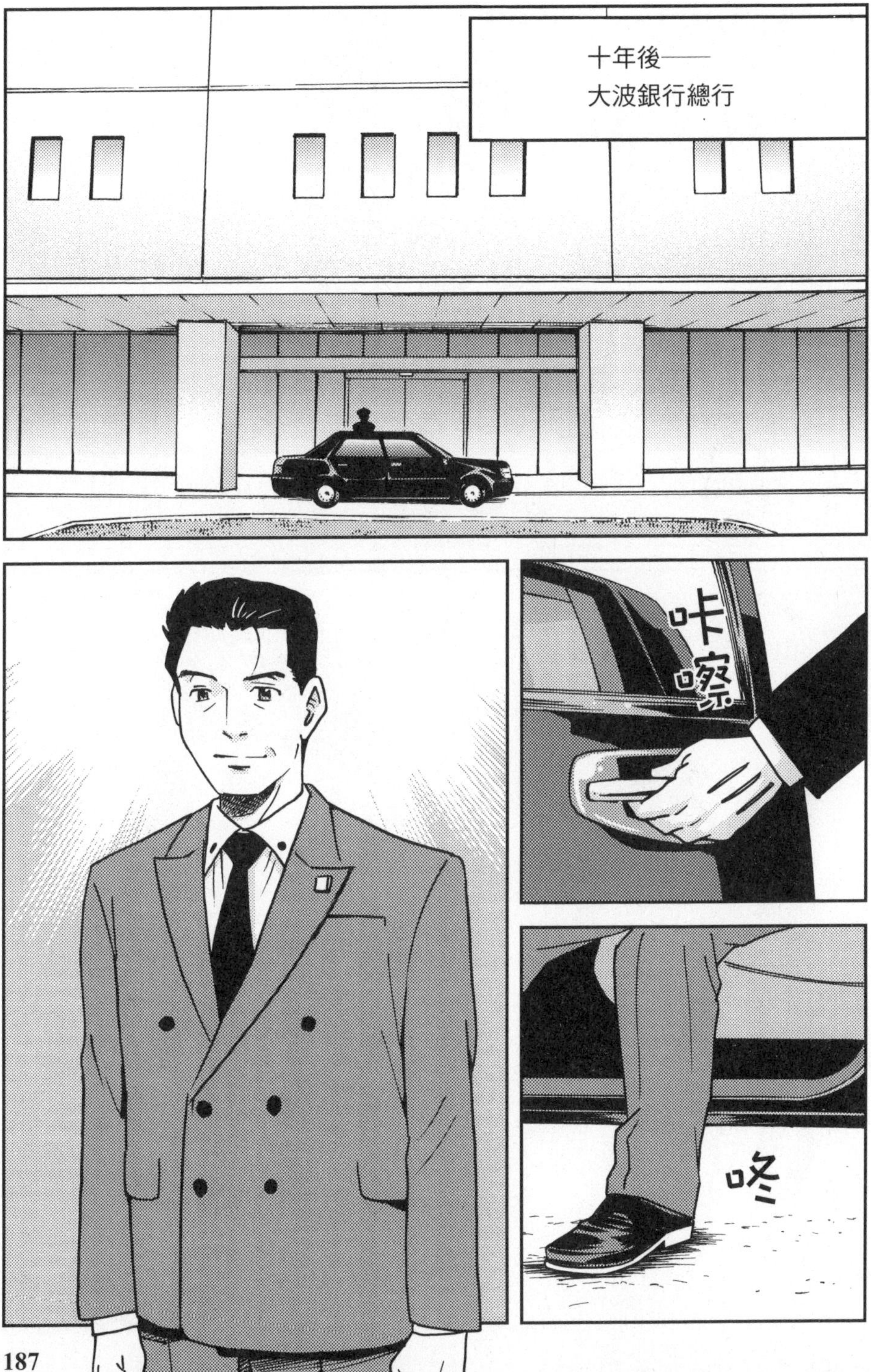
十年後——
大波銀行總行
咔嚓
咚

董事長，早！
早安！鈴木先生。聽說您的孫子出生了。
！
恭喜啊！
您這樣說我真是不敢當，謝謝您！
真了不起啊，我們董事長。

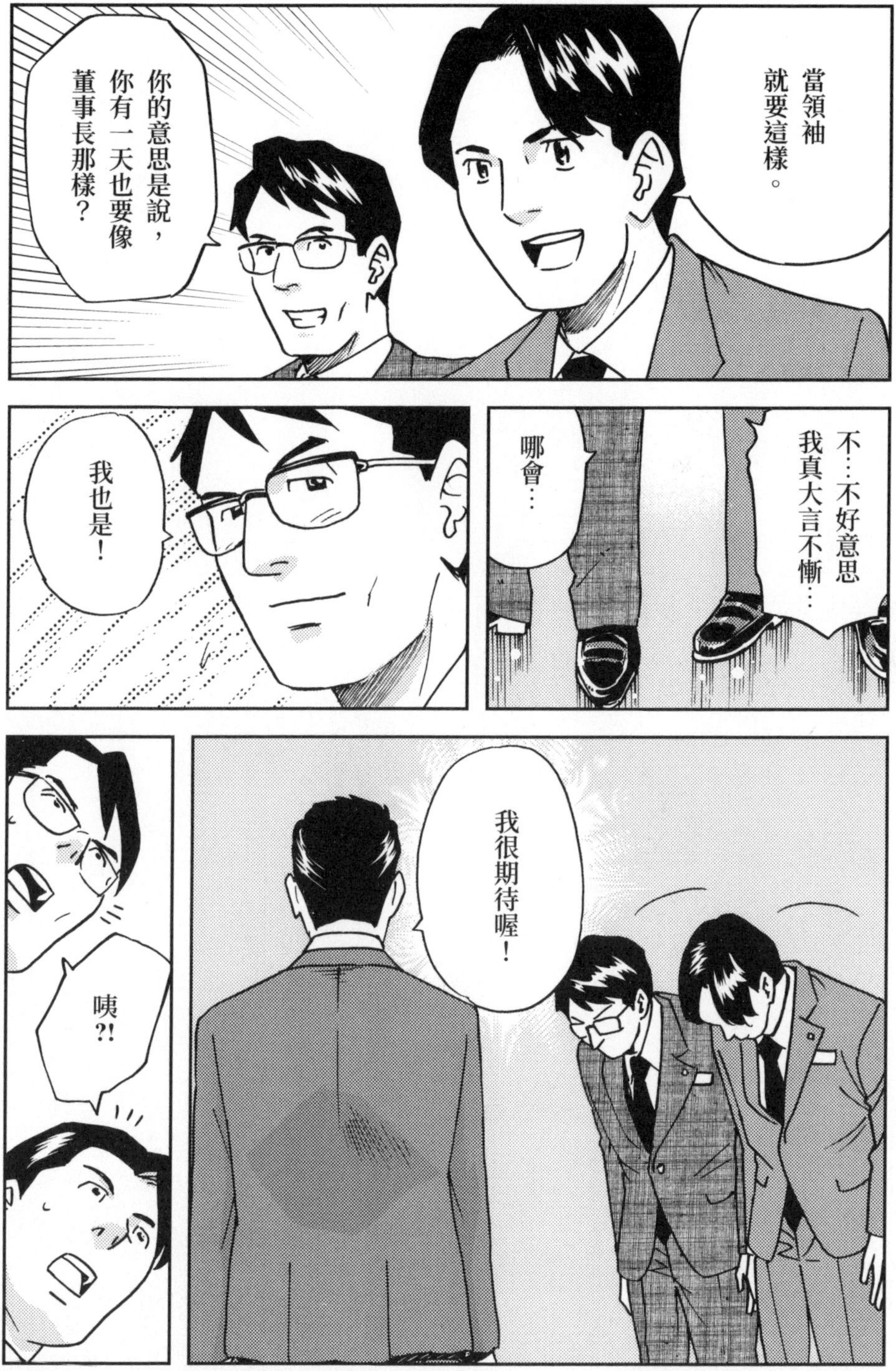
當領袖就要這樣。
你的意思是說，你有一天也要像董事長那樣？
不…不好意思我真大言不慚…
哪會…
我也是！
我很期待喔！
咦?!

這是為家鄉打拼
前往地方銀行服務的
第一步!!

六韜

原著——太公望
作者——青木健生、山本幸男、MICHE COMPANY 合同会社
譯者——林美琪
執行長——陳蕙慧
總編輯——郭昕詠
編輯——徐昉驊、陳柔君
行銷總監——李逸文
資深行銷
企劃主任——張元慧
封面排版——簡單瑛設

社長——郭重興
發行人兼
出版總監——曾大福
出版者——遠足文化事業股份有限公司
地址——231 新北市新店區民權路 108-2 號 9 樓
電話——(02)2218-1417
傳真——(02)2218-1142
E-mail——service@bookrep.com.tw
郵撥帳號——19504465
客服專線——0800-221-029
網址——http://www.bookrep.com.tw
Facebook——日本文化觀察局 https://www.facebook.com/saikounippon/
法律顧問——華洋法律事務所 蘇文生律師
印製——呈靖彩藝有限公司

初版一刷 2019 年 6 月
Printed in Taiwan